"十二五"职业教育国家规划教材
经全国职业教育教材审定委员会审定
普通高等教育"十一五"国家级规划教材

修订版

# AutoCAD 机械制图

## 第 3 版

主　编　马宏亮　孙燕华
参　编　华红芳　陈　平　单佳莹　胡海涛
主　审　顾寄南

U0179454

机械工业出版社

本书以机械制图理论为主线,以AutoCAD 2020中文版为软件平台,采用任务驱动法编写而成。主要内容包括初识AutoCAD、绘制平面图形、绘制投影视图、绘制零件图、创建含参数化的标准件图形、绘制装配图、创建三维实体、图形的输入输出及打印发布。书中提供了大量的图例及习题,附录提供了AutoCAD机械制图考试模拟试卷及答案、常用绘图和修改命令信息与操作二维码表,便于读者对AutoCAD 2020软件的理解和学习。

本书结构清晰,案例翔实,循序渐进,易于学习。既可用于高职高专院校计算机绘图或CAD教学的教材,也可作为CAD培训教材或工程技术人员学习CAD技术的参考书。

本书配有案例讲解、常用绘图和修改命令的操作视频,读者可以扫码观看。本书配有电子课件,凡使用本书作为教材的教师可登录机械工业出版社教育服务网www.cmpedu.com注册后下载。咨询电话:010-88379375。

## 图书在版编目(CIP)数据

AutoCAD 机械制图 / 马宏亮,孙燕华主编 . —3 版 . —北京:机械工业出版社,2021.8(2025.2 重印)
"十二五"职业教育国家规划教材:修订版
普通高等教育"十一五"国家级规划教材:修订版
ISBN 978-7-111-68570-8

Ⅰ.①A… Ⅱ.①马… ②孙… Ⅲ.①机械制图—AutoCAD 软件—高等职业教育—教材 Ⅳ.① TH126

中国版本图书馆 CIP 数据核字(2021)第 124125 号

机械工业出版社(北京市百万庄大街 22 号 邮政编码 100037)
策划编辑:薛 礼 责任编辑:薛 礼 杨 璇
责任校对:王明欣 封面设计:鞠 杨
责任印制:刘 媛
涿州市京南印刷厂印刷
2025 年 2 月第 3 版第 9 次印刷
184mm×260mm · 15 印张 · 379 千字
标准书号:ISBN 978-7-111-68570-8
定价:45.00 元

电话服务 网络服务
客服电话:010-88361066 机 工 官 网:www.cmpbook.com
010-88379833 机 工 官 博:weibo.com/cmp1952
010-68326294 金 书 网:www.golden-book.com
**封底无防伪标均为盗版** 机工教育服务网:www.cmpedu.com

# 第3版前言

AutoCAD 既可以用于二维绘图也可以用于三维绘图，尤其是二维绘图功能非常强大，适应性广，是当今国际上最流行的绘图工具之一。它的版本更新速度快，在功能和操作方面都有了很大的变化。有鉴于此，编者结合当今信息媒体技术的发展和多年的 AutoCAD 教学实践经验，以 AutoCAD2020 中文版软件为平台，对本书第 2 版再次进行修订，以适应新形势发展的需要。

本书进一步突出以机械制图理论为主线的编写特色，并以典型的工作任务为载体组织教学单元，单元工作任务按照由易到难的认知特点进行引入，每个工作任务往往是一个或几个典型的机械制图案例。本书把使用经验、教学难点及知识点的深入理解等通过"技巧""提示"和"拓展"等形式加以展示，并将 CAD 等级技能考证要求及内容有机地融入其中。

本书配有 PPT 课件、CAD 常用命令操作视频和案例讲解视频，读者可以通过扫描二维码观看。本书附录提供了 CAD 常用命令操作二维码表，一旦读者不熟悉或忘记命令的具体操作时，可以查阅此表并扫码观看。此外，书后还配有模拟试卷及答案。编者如此精心组织和安排，旨在增强本书的易教易学、学以致用的功能，提升学生的学习兴趣和成效。

本书由无锡职业技术学院马宏亮、孙燕华任主编，参加编写的还有华红芳、陈平、单佳莹及胡海涛。本书由江苏省工程图学学会副理事长、江苏大学顾寄南教授主审。

尽管编者在编写本书时花了很多的功夫和心思，但限于水平，书中难免有疏漏和错误之处，敬请广大读者批评指正。

编　者

# 第 2 版前言

　　AutoCAD 是当今非常流行的计算机绘图软件之一，版本更新速度很快。编者结合多年来从事 AutoCAD 教学的实践经验，以 AutoCAD 2013 中文版为软件平台，对普通高等教育"十一五"国家级规划教材《AutoCAD 2005 机械制图》进行升级改版。

　　本书继承了"以工程制图体系"为主线的编写特色，通过典型工程制图案例，逐章逐节、由浅入深引入 AutoCAD 2013 命令、功能等基础知识，并将编者对软件教学及应用的经验通过"提示""技巧"等栏目进行展示与体现，进一步增强了教材的"易教易学、激发兴趣、学以致用"的风格。

　　本书在内容修订上，结合 AutoCAD 软件版本的升级与应用，系统优化体系与内容，增加了参数化绘图、高级编辑命令、三维建模等方面的知识与实用案例；精选体现专业特点的典型零件图样，将机械制图图样画法、尺寸标注、技术要求等知识要素与 AutoCAD 软件应用技能有机融合并完整体现，旨在训练学生的机械二维图样表达与三维造型核心能力。

　　本书由无锡职业技术学院孙燕华主编。参加编写的还有马宏亮、黄志辉、陈桂芬及华红芳。本书由江苏工程图学会副理事长、江苏大学卢章平教授主审。

　　本书在修订过程中，得到了江苏大学戴立玲教授等专家的指导，得到了机械工业出版社的大力支持，谨向有关同志表示诚挚的感谢；同时，在本书编写过程中还参阅了相关的文献与资料，在此一并向原作者表示感谢！

　　由于计算机绘图技术的快速发展，加之编者水平所限，本书仍有不足甚至错误之处，敬请读者批评指正！

编　者

# 第1版前言

随着计算机在各个领域的广泛应用，计算机绘图已成为工程界设计的主流。由于计算机绘图软件的不断更新，为了进一步做好计算机绘图的推广、应用和培训工作，全国机械职业教育基础课教学指导委员会制图学科组组织编写了本书。

本书以工程制图体系为主线，选择 AutoCAD 2005 中文版，逐章逐节、循序渐进引入 AutoCAD 2005 主要命令、功能、用法和作图技巧，并通过典型工程制图图例来实现计算机绘图命令操作这一过程，使计算机绘图软件的学习和工程制图图样画法有机结合，体现以计算机作为现代绘图工具的理念。基于 CAD 设计中三维造型的普及与制造信息化、全球化的特点，本书加强了三维实体造型、AutoCAD文件的输出与 Internet 网络链接等内容。全书文字通俗易懂，图文并茂，易教易学，有较好的可读性与实用性，适用于高职高专院校的计算机绘图或 CAD 教学，也可作为 CAD 培训教材或工程技术人员学习 CAD 技术的参考书。

本书由无锡职业技术学院孙燕华主编。参加编写的有孙燕华（绪论、第一章、第六章）、无锡职业技术学院华红芳（第二章、第四章、第五章第四节、第七章、附录）、蒋兆军（第三章、第五章第一、二、三节和实练题部分）。

本书由江苏工程图学会副理事长、江苏大学卢章平教授主审。

本书在编写过程中，得到了福建工程学院任志聪副教授、陕西工业职业技术学院吕守祥教授等专家的指导，并提出宝贵意见，在此表示诚挚的谢意。

由于编者水平有限，书中难免有欠妥和错误之处，恳请读者批评指正。

编　者

# 二维码索引

（续）

# 目　录

# 单元一　初识 AutoCAD

## 学习导航

| | |
|---|---|
| 学习目标 | 熟悉 AutoCAD 2020 工作界面，掌握 AutoCAD 命令的用法和数据输入方法，能够绘制直线图形以及对图形文件进行相关的显示、选择和管理操作。 |
| 学习重点 | AutoCAD 工作界面的组成、直线图形的绘制、图形的显示与选择操作。 |
| 相关命令 | 打开、保存、关闭、退出系统、直线、撤销、恢复、缩放、平移等。 |
| 建议课时 | 4~6 课时。 |

## 任务一　熟悉 AutoCAD 2020 工作界面

AutoCAD 是美国 Autodesk 公司推出的计算机辅助绘图软件，经过不断完善和更新，该软件已成为当前最为流行的计算机绘图软件之一。本任务主要熟悉 AutoCAD 2020 工作界面。

### 一、AutoCAD 2020 工作界面的启用

要启用中文版 AutoCAD 2020 工作界面，首先要打开 AutoCAD 2020 软件。通常打开该软件有以下两种方式：

1）双击桌面上的 AutoCAD 2020 的图标  。

2）依次单击"开始"菜单→"AutoCAD 2020- 简体中文（Simplified Chinese）"文件夹→"AutoCAD 2020- 简体中文（Simplified Chinese）"执行文件。

工作界面的启用

AutoCAD 2020 启动后，系统将弹出一个初始界面，如图 1-1 所示。该界面主要提供"快速入门""最近使用的文档""通知"和"连接"等方面的内容。

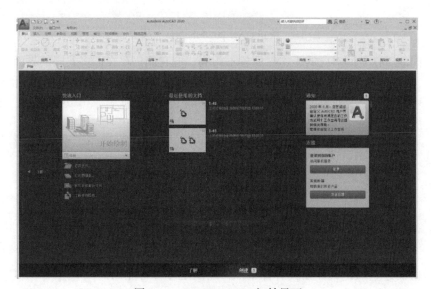

图 1-1　AutoCAD 2020 初始界面

在 AutoCAD 2020 初始界面的"快速入门"选项组中选择"开始绘制"命令，系统会自动创建一个名称为"Drawing 1.dwg"的图形文件，并显示如图 1-2 所示的操作界面，这个操作界面就是 AutoCAD 2020 的默认工作界面。

## 二、AutoCAD 2020 工作界面的组成

AutoCAD 2020 工作界面也称为工作空间。为满足用户不同的需求，Au-toCAD 2020 提供了"草图与注释""三维基础"和"三维建模"三种预定义工作空间。图 1-2 所示的 AutoCAD 2020 默认工作界面对应的就是"草图与注释"工作空间。其中，"草图与注释"工作空间用于绘制二维图形，"三维基础"工作空间通常用于三维基本建模，而"三维建模"工作空间则用于三维复杂建模和渲染。

工作界面的
组成

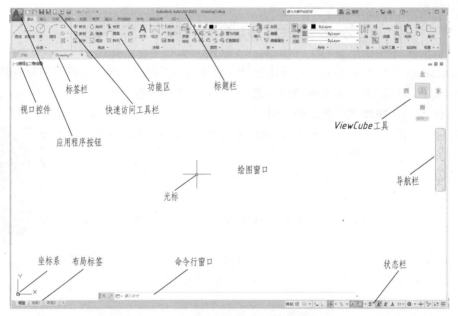

图 1-2　AutoCAD 2020 的默认工作界面

尽管不同的工作空间对应的工作界面各不相同，但它们仍存在许多共同的界面元素，如应用程序按钮、快速访问工具栏、标题栏、绘图窗口及命令行窗口等。为满足用户不同的绘图要求，通过设置也可以让某个工作空间中含有其他工作空间上的界面元素，可以说 AutoCAD 2020 的各个空间是相通的。

**提示**

　　用户可以根据绘图的需要随时切换所需的工作空间。切换工作空间的方法是：单击工作界面右下角的"切换工作空间"按钮⚙，在弹出的下拉菜单中选择所需的工作空间，如图 1-3 所示。

图 1-3　切换工作空间

系统提供的这些预定义界面具有普适性，能满足多种行业用户的需求，但对于具体的某个特定行业来讲，界面中的某些内容是多余

的，内容过多会导致操作时查找命令的难度加大，因此在使用上并不十分方便，尤其是习惯使用传统界面的老用户。为了满足用户对不同界面的使用要求，这里给 AutoCAD 2020 设置了一个完整的工作界面（图 1-4），以帮助用户熟悉各种界面元素。工作界面的具体设置方法将在随后的界面讲解中加以说明。该工作界面主要由应用程序按钮、快速访问工具栏、标题栏、菜单栏、功能区、工具栏、绘图窗口、命令行窗口和状态栏等组成。

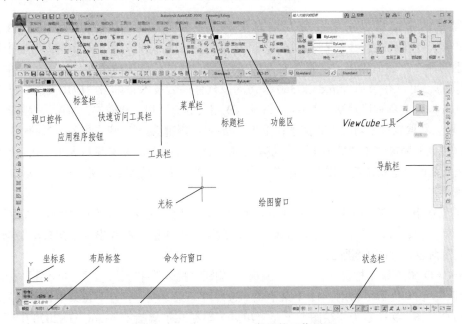

图 1-4　AutoCAD 2020 完整的工作界面

图 1-5　应用程序按钮

### 1. 应用程序按钮

应用程序按钮▲位于工作界面的左上角。单击此按钮，系统会弹出用于管理文件的菜单命令，如图 1-5 所示。这些命令主要用于新建、打开、保存、打印、输出及浏览文件等操作。

### 2. 快速访问工具栏

快速访问工具栏位于工作界面左上方，如图 1-6 所示，用于放置一些使用频率较高的命令按钮。单击其右侧的下拉按钮▼，在弹出的下拉菜单中，选中某个命令或取消选择某个命令，可为该工具栏中添加或删除此项命令按钮。

图 1-6　快速访问工具栏

### 3. 标题栏

标题栏位于工作界面的上方，如图 1-7 所示。标题栏的左侧用于显示 AutoCAD 软件版本以及当前操作的图形文件名。AutoCAD 默认的图形文件名格式为"DrawingN.dwg（N 为自然数）"，用户可以通过重新保存或者重命名来更改图形文件的名称。

图 1-7　标题栏

标题栏的中部提供了多种交互信息资源，主要有搜索 、登录 、应用商店 、保持连接 和帮助 五个部分。在"搜索"文本框中输入某个不熟悉的命令，然后单击"搜索"右侧的按钮 ，就可获取该命令的详细信息；单击按钮 ，可以登录到 Autodesk 360 来访问该软件的云技术；单击"应用商店"按钮 可以访问 Autodesk 应用程序网站，下载与 AutoCAD 相关的应用程序和插件；单击"保持连接"按钮 ，可以获取软件最新的更新信息；单击"帮助"按钮 可以获取相关的帮助信息。

标题栏最右侧提供了"最小化"按钮 、"最大化"按钮 、"恢复窗口大小"按钮 和"关闭"按钮 ，通过这些按钮可以对工作界面窗口进行最小化、最大化、恢复和关闭操作。

4. 菜单栏

为了节省空间，在 AutoCAD 2020 中，菜单栏在任何预定义工作空间内都默认为不显示。如需显示菜单栏，可以单击快速访问工具栏右端的下拉按钮 ，在弹出的下拉菜单中选择"显示菜单栏"命令，如图 1-8 所示。

AutoCAD 2020 菜单栏包含"文件""编辑""视图""插入""格式""工具""绘图""标注""修改""参数""窗口"和"帮助"12 个菜单项。选择某一菜单项，打开下拉菜单，可以从中选择所需的命令。图 1-9 所示为"绘图"下拉菜单。菜单栏几乎囊括了 AutoCAD 2020 中所有的绘图命令，一些特殊的命令往往只能通过菜单栏操作来实现。

图 1-8　显示菜单栏操作

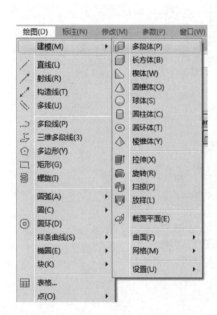

图 1-9　"绘图"下拉菜单

**提示**

AutoCAD 下拉菜单有以下几个特点：

1）下拉菜单项中，若右边有一个实心的小三角▶，则表明它有子菜单，如单击菜单"绘图"→"建模"，则出现下一级子菜单。

2）若下拉菜单项右边有省略符号…，则表明选择该菜单项将会弹出一个对话框，用于提供更进一步的选择和设置。

3）若右边没有上述标记的菜单项，单击后会执行对应的 AutoCAD 命令。

**5. 功能区**

功能区里包含许多命令按钮，AutoCAD 2020 将大部分命令以按钮的形式分类组织在功能区的不同选项卡中，如"默认"选项卡、"插入"选项卡等。在每一个选项卡中，命令按钮又再一次被分类放置在不同的面板中，即每个选项卡又包含若干个面板，如"默认"选项卡含有"绘图""修改""注释"等面板，如图 1-10 所示。

图 1-10　功能区

**提示**

若面板名称右侧有下拉三角按钮，表示该面板还隐藏着其他命令，单击下拉三角按钮可展开面板，显示隐藏的命令。此外，当面板展开后，单击其左下角的按钮⊡，可使面板保持展开状态。

若面板中的命令按钮附近有实心三角，说明该处隐藏多个同类型操作命令，可以单击该实心三角按钮，在弹出的下拉菜单中选择相应的命令进行操作。

通常功能区会占用较大的绘图空间，用户可以单击选项卡右侧的按钮 ▣▾ 来控制功能区的展开与收缩。对于习惯使用传统经典方式的老用户，可以关闭此功能区，具体做法是：单击菜单栏"工具"→"选项板"→"功能区"。注意：打开功能区的操作也是如此。

**6. 标签栏**

标签栏位于功能区的下方，如图 1-4 所示。用户每打开一个图形文件都会在标签栏显示一个文件名标签，单击文件名标签，即可快速切换至相应的图形文件窗口。

**7. 绘图窗口**

绘图窗口又常被称为绘图区，是供用户绘制图形的区域。在绘图窗口中有五个工具需要注意，分别是光标、坐标系、ViewCube 工具、视口控件和导航栏，如图 1-4 所示。其中，视口控件位于绘图区的左上角，提供更改视图、视觉样式及其他设置的便捷方式；ViewCube 工具位于绘图窗口的右上角，用于控制三维图形的显示，这两个工具均用于三维图形。导航栏是一种视图观察工具，用于控制图形的缩放、平移、回放和动态观察等功能，它既可用于二维图形，又可用于三维图形。

## 【拓展】修改绘图窗口颜色

在默认情况下，AutoCAD 的绘图窗口是黑色背景，这不符合大多数用户的习惯，因此修改绘图窗口颜色是大多数用户需要进行的操作。

具体做法是：在绘图区右击，在弹出的快捷菜单中选择"选项"命令，或单击应用程序按钮后选择"选项"命令，或选择菜单栏"工具"→"选项"命令。此时将出现如图 1-11 所示的"选项"对话框，在对话框中选择"显示"选项卡，单击"窗口元素"选项组中的"颜色"按钮，打开如图 1-12 所示的"图形窗口颜色"对话框。在该对话框中，在"上下文"列表框内选择"二维模型空间"，在"界面元素"列表框内选择"统一背景"，再单击右上角"颜色"选择框，选择需要的颜色，然后单击"应用并关闭"按钮完成设置。

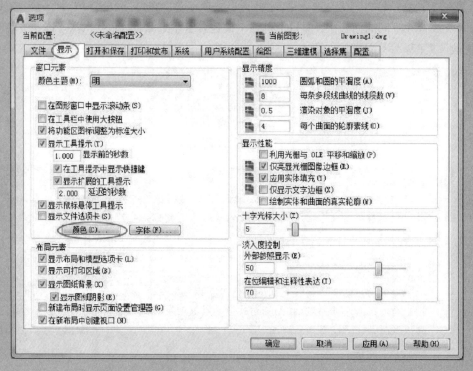

图 1-11 "选项"对话框

8. 工具栏

同菜单栏一样，AutoCAD 2020 工具栏在任何预定义工作空间都默认为不显示。工具栏的作用类似于功能区的面板。利用工具栏中的按钮，可以方便地启用相关命令。一般情况下，在 AutoCAD 经典工作空间界面中显示有"标准""样式""图层""特性""绘图"和"修改"工具栏。其中"标准""样式""图层""特性"工具栏位于绘图窗口的顶部，"绘图"工具栏位于绘图窗口的左侧，"修改"工具栏位于绘图窗口的右侧。如果不清楚工具栏的具体名称，可以将鼠标移至工具栏端部按钮处，悬停数秒后将在鼠标附近显示该工具栏的名称。图 1-4 所示的完整工作界面中的工具栏就是按经典工作空间的界面样式来布局的。

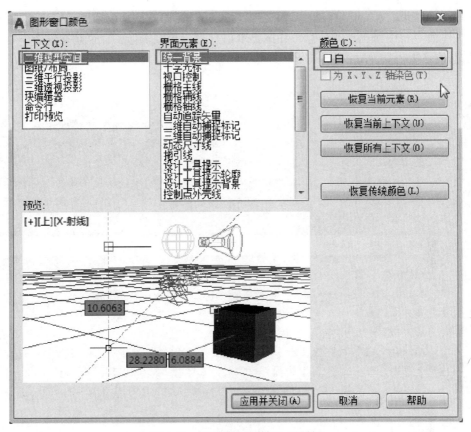

图 1-12 "图形窗口颜色"对话框

**提示**

  尽管工具栏的作用与功能区的面板相类似，但两者仍有较大区别。通常功能区会占用较大的绘图空间，为节省空间，面板上的命令按钮通常会有一部分被隐藏起来，且面板上同类型的命令只显示其中的一个，其他命令则被隐藏。而工具栏则不同，其命令按钮数量可以根据需要来设置，可节省绘图空间，且工具栏上的命令按钮为全部显示，便于用户查找和使用，这也是有些老用户不愿舍弃经典工作界面的一个重要原因。打开或关闭工具栏的操作，可以采用以下两种方法：

  1）在已打开的工具栏上右击，弹出列有工具栏名称的快捷菜单，在此快捷菜单中相应的工具栏名称上单击，工具栏名称前将出现"√"，表示该工具栏被打开，否则为关闭。

  2）选择菜单"工具"→"工具栏"→"AutoCAD"→工具栏选项，工具栏选项前将出现"√"，表示该工具栏被打开，否则为关闭。

**9.布局标签**

  布局标签位于绘图窗口的下方，如图 1-4 所示，用于实现模型空间与图纸空间的切换。模型空间用于绘制图形，而布局也就是图纸空间，用于图形的输出，如设置打印图形的大小、比例等。

**10.命令行窗口**

  命令行窗口（简称命令行）位于绘图窗口的底部，如图 1-4 所示。它是输入命令名和显示命令提示的区域。AutoCAD 通过命令行窗口来反馈各种信息（包括出错信息），因此用户要时刻关注命令行中所出现的信息，并按提示信息进行相关操作，这也是初学者学好命令操作的关键。

**提示**

　　在默认状态下，为节省空间，AutoCAD 2020 命令行窗口为浮动窗口，如图 1-13 所示。命令行窗口仅为单行。当有命令操作时，命令行窗口只能显示一行提示信息。因此，对于命令提示信息内容较多、需要多行显示时，采用这种窗口无法做到全部显示，不利于初学者对命令操作的学习和使用。另外，命令行窗口浮动在绘图窗口上，且命令行窗口上的"关闭"按钮⊠与信息行位于同一个水平位置上，初学者往往一不小心就将命令行关闭了。

图 1-13　浮动窗口

　　因此，对于初学者，最好将命令行窗口固定，同时增加合适的命令行数。具体做法是：将光标置于命令行最左侧的按钮上，然后按住鼠标左键向绘图窗口左下角拖动，当绘图窗口的下部出现一个矩形框时，松开鼠标，则命令行窗口将被固定，此时命令行窗口默认显示 3 行。若要显示更多内容，可将光标移至命令行窗口的上边缘，当光标呈形状时，按住鼠标左键向上拖动即可增加命令行窗口的行数。

　　注意：一旦命令行窗口被关闭，可以通过 <Ctrl+9> 组合键重新打开。

**11. 状态栏**

　　状态栏在屏幕的底部，如图 1-14 所示，用于显示 AutoCAD 当前的状态，主要由绘图辅助工具、注释工具和工作空间工具组成。绘图辅助工具用于实现图形精确绘制及快速绘制等；注释工具用于对注释内容的显示缩放；工作空间工具用于切换 AutoCAD 2020 工作空间以及进行自定义工作空间等。每种操作工具又包含多种操作按钮，单击对应的按钮可以使其打开或关闭。例如：绘图窗口默认显示有栅格，单击状态栏中的"显示图形栅格"按钮▦，按钮颜色则由蓝色变成灰色，表示关闭"显示图形栅格"功能，绘图窗口将不再显示栅格。状态栏上其他按钮的功能将在后续的任务中进行介绍。

图 1-14　默认状态栏组成

**提示**

　　在默认情况下，状态栏不会显示所有的工具按钮，用户可对状态栏所显示的内容进行自定义，其做法是：单击状态栏上最右侧的"自定义"按钮☰，在弹出的菜单中，选择要显示或隐藏的工具按钮。

**【技巧】如何保存符合个人习惯的工作空间**

　　用户可以根据需要来设置符合个人习惯的工作空间，并将其保存以便今后使用。具体做法是：单击状态栏中"切换工作空间"按钮⚙️右侧下拉三角按钮🔽，如图1-14所示，在菜单中选择"将当前的工作空间另存为…"命令，系统将弹出"保存工作空间"对话框，如图1-15所示，在"名称"文本框内输入工作空间名称，如"我的空间"，然后单击"保存"按钮，完成工作空间的保存。此时，如再次单击状态栏中"切换工作空间"按钮⚙️，将会发现菜单中多了一个"我的空间"命令。

图 1-15　"保存工作空间"对话框

# 任务二　绘制直线图形

　　本任务将绘制如图1-16所示的直线图形。要完成本任务，首先要学习命令的使用方法和数据的输入方法。

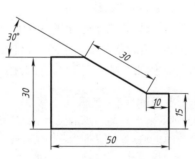

图 1-16　直线图形

AutoCAD
命令的使用
方法

**一、AutoCAD 命令的使用方法**

1. 命令的启用方式

　　在 AutoCAD 2020 中，大部分的绘图、编辑操作都可以通过"命令"方式来完成，而操作的第一步就是获取相应的命令。通常，获取 AutoCAD 2020 命令的方式主要有三种：键盘输入方式、按钮方式和菜单方式。

　　（1）键盘输入方式　用户可通过键盘输入命令来绘制或编辑图形，命令字符可不区分大小写。例如：在屏幕上画一条直线，可在命令行"键入命令"提示信息下输入"LINE"，然后按 <Enter> 键，即可运行该命令。

**提示**

1）用键盘输入命令之前，一定要确认屏幕最后一行显示的是"键入命令"提示，如图 1-17 所示。如果没有显示该提示语，应先按 <Esc> 键恢复到此状态。

图 1-17　命令行显示"键入命令"提示

2）AutoCAD 2020 为一些常用命令提供了缩写形式，以便快速输入。例如：用"直线"命令作图时，可以不输入"LINE"而只输入"L"，"L"就是该命令的缩写形式。

3）当在命令行输入命令字母时，系统会自动提供一份清单，列出匹配的命令名称、系统变量和命令的别名，如图 1-18 所示。用户单击清单中相应的命令名称即可执行该命令，而无需将命令字母全部输入。

图 1-18　命令清单

（2）按钮方式　AutoCAD 2020 工具栏或功能区中的面板都是以各种按钮组成的，将鼠标移动到某一按钮上停留片刻，在鼠标附近将提示该按钮的名称及作用，单击上面的按钮就能执行对应的命令。例如：绘制一条直线，可单击"绘图"工具栏中的"直线"按钮 或功能区→"默认"选项卡→"绘图"面板上的"直线"按钮 。

（3）菜单方式　AutoCAD 2020 菜单栏几乎包含了 AutoCAD 的所有命令，将鼠标移至菜单栏，左右移动光标到所需的菜单项，然后单击该菜单项，再在弹出的下拉菜单中移动鼠标至所需的命令后选择，就可启用该命令。例如：画一条直线，可选择"绘图"菜单栏→"直线"命令。

**【技巧】关于命令行的操作提示**

AutoCAD 2020 命令行窗口的作用不仅在于通过它可以启用 AutoCAD 命令，更重要的是它为用户与 AutoCAD 互动提供了一个很好的"窗口"。在执行命令时，要注意命令行的提示，并对其做出相应的操作。例如：单击"修改"面板中的"偏移"按钮 ，在 AutoCAD 的命令行将出现如图 1-19 所示的信息提示。这些信息提示是一种约定格式的语句，只有通晓这种语句格式，才能更好地掌握 AutoCAD 的命令操作。

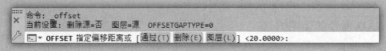

图 1-19　命令行的信息提示

命令行提示信息有时含有许多命令，其中会有一个优先命令。图 1-19 所示的提示信息用"或"分为两部分，则前面部分为优先命令，如用户想要执行该命令，可直接用鼠标或键盘输入相应的偏移距离值；如用户想要执行"[ ]"中各命令，则应首先输入该命令的标识字符（选项后面的字母），然后按 <Enter> 确认或直接用鼠标单击该命令；有时在命令提示结尾还带有尖括号"<>"，尖括号中给出的内容为默认命令或默认数值，用户若确定采用该默认命令或默认数值，直接按 <Enter> 即可。

2. 命令的中止与结束

（1）命令的中止 在命令启用及执行过程中，如用户发现所使用的命令不合适或命令执行过程中有错误，可中止该命令的执行。命令的中止操作为：按键盘左上角的"Esc"键或右击并在弹出的快捷菜单中选择"取消"命令。

**提示**

中止操作仅仅是停止了正在执行的命令，而命令前期操作的结果仍将保留。"直线"命令可用于连续绘制直线，如已绘出一段直线，系统默认会继续绘制，此时若采取中止操作，则停止的是后续直线绘制，并保留已绘制好的直线。

（2）命令的结束 在 AutoCAD 中，系统有时无法判断某些命令在何时结束。例如：有些命令的最后一步动作是重复执行的，如"直线"命令，一旦启用就会不断要求"指定下一点"操作。对于这种情形，需要用户来判断何时结束命令。当用户确定目前所执行的命令可以结束时，按键盘上的 <Enter> 键或右击并在弹出的快捷菜单中选择"确认"命令，即可结束命令操作。

**【技巧】<Enter>键在命令执行过程中的使用**

在 AutoCAD 中，<Enter> 键不仅用于命令的结束操作，还用于命令的执行过程操作。由于 AutoCAD 大部分命令都是按一定的步骤执行的，但有时系统是无法判断命令中的某一步是否已完成。例如：命令中的某一步要求选择多个对象，或命令中的某一步要求输入数值，只有当用户按下键盘上的 <Enter> 键后，系统才能确认操作已完成，才可以继续进行下一步操作。

3. 命令的重复、撤销及恢复

（1）命令的重复 在绘图过程中，有时需要连续反复使用同一条命令，如果每次都重复输入命令，会使绘图效率大大降低，这时可以使用 AutoCAD 默认的重复操作方式。当上一个命令结束后，如果想继续使用该命令来操作，通常有两种方法可以实现重复操作：一种是直接按键盘上的 <Enter> 键或 <Space> 键；另一种是在屏幕中右击并在弹出的快捷菜单中选择"重复×××"命令，如图 1-20 所示。

（2）命令的撤销 在某一项操作完成后，若发现得到的结果不符合要求，希望将其取消，可在命令行输入"UNDO"后按 <Enter> 键，或在屏幕中右击并在弹出的快捷菜单中选择"放弃×××"命令。另外，单击"快速访问"工具栏或"标准"工具栏上的按钮↶也可撤销刚刚执行的操作。如果单击该按钮右侧的下拉箭头▾，在弹出的下拉菜单中选择除顶端项外的某一项，如图 1-21 所示，则可以撤销从顶端项到该项的所有操作。

图 1-20 命令的重复

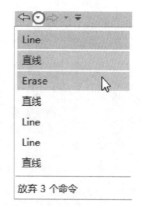

图 1-21 "撤销"下拉菜单

（3）命令的恢复　被撤销的命令还可以被重新恢复。单击"快速访问"工具栏或"标准"工具栏上按钮 ↷ 或在命令行输入"MREDO"即可恢复执行该命令。

**二、数据的输入方法**

在执行 AutoCAD 命令时，通常还需要为命令的执行提供必要的数据。常见的输入数据有点的坐标（如表示线段的端点、圆的圆心等）、数值（如距离或长度、直径或半径、角度、位移量及项目数等），数据输入通常通过命令行来实现。

数据的输入
方法

1. 点的坐标输入方式

（1）绝对直角坐标输入　点的绝对直角坐标输入格式为"$m$，$n$"，表示输入点相对于坐标系原点（0，0）的水平距离为 $m$，竖直距离为 $n$，如图 1-22a 所示。

（2）相对直角坐标输入　点的相对直角坐标输入格式为"@$m$，$n$"，表示输入点相对于前一个输入点的水平距离为 $m$，竖直距离为 $n$，如图 1-22b 所示。

（3）绝对极坐标输入　点的绝对极坐标输入格式为"$\rho < \theta$"，其中 $\rho$ 表示输入点到坐标系原点（0，0）的距离，$\theta$ 为该点至坐标系原点（0，0）的连线与 $X$ 轴的正向夹角，如图 1-22c 所示。

（4）相对极坐标输入　点的相对极坐标输入格式为"@$\rho < \theta$"，其中 $\rho$ 表示输入点到前一个输入点的距离，$\theta$ 为该点至前一个输入点的连线与 $X$ 轴的正向夹角，如图 1-22d 所示。

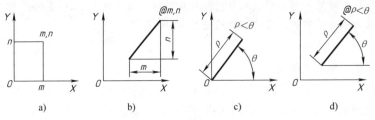

a)　　　　　　　b)　　　　　　　c)　　　　　　　d)

图 1-22　点的坐标输入方式

（5）鼠标输入　在绘图窗口中移动鼠标，在合适的位置处单击拾取点或捕捉屏幕上已有图形的特殊点（如端点、交点、圆心等），即可得到相应点的坐标。

2. 数值输入方式

AutoCAD 提供了两种输入数值的方式：一种是用键盘直接在命令行窗口输入数值；另一种是在屏幕上拾取两点，以两点的距离值定出所需的数值。例如：使用画圆命令时，可以通过输入半径值来画圆，也可以通过以两点间的距离值为半径来画圆。

**【拓展】动态输入**

动态输入是从 AutoCAD 2006 版本开始增加的一种相对高效的实用输入模式，其优点是在光标附近提供了一个输入或提示界面，可以使用户更专注于绘图窗口。单击状态栏上的按钮 ⁺┅ 或按键盘上的 <F12> 键，可以开启或关闭动态输入功能。

用户可以对动态输入模式进行设置，方法是在状态栏上右击"动态输入"按钮 ⁺┅，选择"动态输入设置"命令，如图 1-23 所示。此时系统弹出"草图设置"对话框，如图 1-24 所示，用户可以在该对话框的"动态输入"选项卡中设置"指针输入""标注输入"和"动态提示"是否启用以及启用形式等。

图 1-23 选择"动态输入设置"命令

（1）指针输入 在对话框中选中"启用指针输入"复选框，则启用指针输入功能。当启用指针输入且有命令在执行时，光标附近出现含有直角坐标值的坐标框，这个坐标值随着光标移动会自动更新，如图 1-25 所示。用户可以向坐标框中输入坐标值，而不用在命令行中输入，按 <Tab> 键可以在两个坐标值之间进行切换。

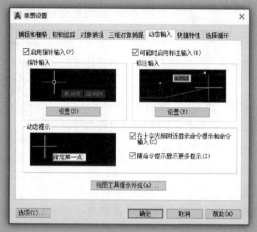

图 1-24 "动态输入"选项卡设置

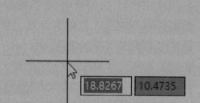

图 1-25 指针输入

（2）标注输入 选中"可能时启用标注输入"复选框，则启用标注输入功能。当命令提示输入第二点时，光标附近将出现含有极坐标值（长度和角度）的坐标框，如图 1-26 所示，且该值随着光标的移动而改变。用户可以向坐标框中输入坐标值，而不用在命令行中输入，按 <Tab> 键可以在两个坐标值之间进行切换。一般情况下，"指针输入"在命令行提示"指定第一点"时显示，而"标注输入"则是在命令行提示"指定下一点"时显示。注意：下一点的默认设置为相对极坐标，不需要输入"@"符号，如果需要使用绝对极坐标，则需要在其坐标值前输入"#"符号。

注意：无论是采用"指针输入"，还是采用"标注输入"，它们所输入的仍然是点的坐标值，与"命令行输入"相比较，最大区别仅仅是输入位置不同而已。

（3）动态提示 选中"在十字光标附近显示命令提示和命令输入"复选框，则启动动态提示，在光标附近会显示命令提示信息，如图 1-27 所示。用户可以使用键盘上的 <↓> 键来选择该命令的其他可执行选项。如果按键盘上的 <↑> 键，则可以查看最近的输入数据。

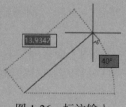

图 1-26 标注输入

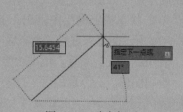

图 1-27 动态提示

### 三、绘制本任务图形

本任务绘制如图 1-16 所示的直线图形。为了清楚地说明绘制过程，在该图形的端点处标有相应的字母，如图 1-28 所示。为了体验"命令行输入"和"动态输入"在操作上的区别，这里采用"命令行输入"和"动态输入"两种方式绘制。

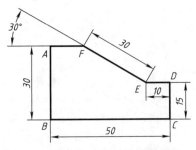

图 1-28　端点标有字母的直线图形

1. 采用"命令行输入"方式绘制

1）启动 AutoCAD 2020，系统弹出 AutoCAD 的初始界面，如图 1-1 所示。在"快速入门"选项组中选择"开始绘制"命令，系统将显示 AutoCAD 2020 操作界面。

两种方式绘制
直线图形

2）单击状态栏上的绘图辅助工具中的"动态输入"按钮 ，将"动态输入"状态关闭，即启用在命令行输入数据的方式。

3）启用"直线"命令。在命令行输入"LINE"或"L"，然后按 <Enter> 键。

4）绘制图形。命令启用后，按命令行的提示进行操作，具体绘制过程如下：

指定第一个点：在绘图窗口用左键拾取一点（作为 A 点）

指定下一点或 [放弃（U）]：@0，-30 ✓（输入 B 点坐标）

指定下一点或 [闭合（C）/放弃（U）]：@50，0 ✓（输入 C 点坐标）

指定下一点或 [闭合（C）/放弃（U）]：@0，15 ✓（输入 D 点坐标）

指定下一点或 [闭合（C）/放弃（U）]：@-10，0 ✓（输入 E 点坐标）

指定下一点或 [闭合（C）/放弃（U）]：@30<150 ✓（输入 F 点坐标）

指定下一点或 [闭合（C）/放弃（U）]：C ✓（选择"闭合"命令，图线首尾自行封闭，图形绘制完毕）

**提示**

　　为便于讲解，本书中列出的命令行的提示信息文字一律采用灰色背景，而绘图窗口中的动态提示信息文字则采用斜体加粗，✓表示按 <Enter> 键，下划线表示在命令行中输入的内容，（）里的内容用于解释说明。

　　注意：不论是"命令行输入"还是"动态输入"，在输入数据时应确认输入状态为"英文"，而非"中文"。

2. 采用"动态输入"方式绘制

1）启动 AutoCAD 2020，系统弹出 AutoCAD 的初始界面。在"快速入门"选项组中单击"开始绘制"命令，系统将显示 AutoCAD 2020 操作界面。

2）单击状态栏上的绘图辅助工具中的"动态输入"按钮 ，将"动态输入"状态打开，并按图 1-24 所示的要求进行"动态输入"设置。

3）启用"直线"命令。单击功能区"默认"选项卡→"绘图"面板→"直线"按钮 。

4）绘制图形。命令启用后，按绘图窗口中的动态提示进行操作，具体绘制过程如下：

指定第一个点：在绘图窗口用左键拾取一点（作为 A 点）

指定下一点：30<Tab>90 ✓（向下移动光标输入 B 点坐标，注意：30<Tab>90 表示先在长度坐标框中输入"30"，然后按 <Tab> 键切换到角度框，输入角度"90"）

指定下一点：50<Tab> 0 ✓（向右移动光标输入 $C$ 点坐标）

指定下一点：15<Tab>90 ✓（向上移动光标输入 $D$ 点坐标）

指定下一点：10<Tab>180 ✓（向左移动光标输入 $E$ 点坐标）

指定下一点：30<Tab>150 ✓（向左上移动光标输入 $F$ 点坐标）

指定下一点：按键盘上的 < ↓ > 键，弹出如图 1-29 所示的下拉菜单，单击该下拉菜单中的"关闭"命令，或直接在长度坐标框中输入字母 C 并按 <Enter> 键（图线首尾自行封闭，图形绘制完毕）。

图 1-29　"动态提示"下拉菜单

### 提示

1）采用动态输入时，可以不在角度框中输入角度，只要移动光标使角度框显示的角度为需要输入的角度，然后在长度坐标框中输入长度值并按 <Enter> 键即可。

2）采用动态输入时，命令行也会有提示信息，且如果用鼠标单击命令行窗口，则可以激活命令行并在命令行中进行输入。由于命令行提示的信息较完整，便于对命令操作的理解，故本书今后的命令操作说明均以"命令行输入"方式进行讲解。

## 【拓展】关于直线的精确绘制

直线的精确绘制，除了采用上述的坐标输入方式外，还可以采用正交模式和极轴追踪模式来绘制。

### 一、采用正交模式绘制直线

正交模式可以将光标限制在水平或竖直方向上移动，通过在命令行中直接输入距离的方法，可以创建指定长度的水平直线或竖直直线。

1. 启用正交模式

在 AutoCAD 2020 中，通常有以下三种方式可以打开或关闭正交模式：

1）在状态栏中，单击"正交"按钮 ⌐ 。

2）按键盘上的功能键 <F8> 键。

3）在命令行输入"ORTHO"并按 <Enter> 键。

2. 正交模式的操作方法

启用正交模式后，只能画水平或竖直的直线。绘制直线时，当直线的起点指定后，此时向直线的下一点移动光标，光标只能沿水平或竖直方向移动。由于正交功能已经限制了直线的方向，所以要绘制一定长度的直线时，只需直接输入长度值并按 <Enter> 键，而不再需要输入完整的坐标。

### 二、采用极轴追踪模式绘制直线

极轴追踪可以实现按事先指定的角度方向移动，配合在命令行中直接输入距离的方法，可以创建指定长度和预设角度的直线。

1. 启用极轴追踪模式

在 AutoCAD 2020 中，通常用以下两种方式打开或关闭极轴追踪模式：

1）在状态栏中，单击"极轴追踪"按钮 ⟳ 。

2）按键盘上的功能键 <F10> 键。

2. 设置极轴追踪模式

在 AutoCAD 2020 中，单击状态栏上的"极轴追踪"按钮 ⟳ 右侧的三角按钮 ▾ 或在按钮 ⟳ 上右击，弹出如图 1-30 所示下拉菜单，选择"正在追踪设置…"命令，打开"草图设置"对话框中的"极轴追踪"选项卡，如图 1-31 所示。用户可以对该选项卡中的各选项进行设置。

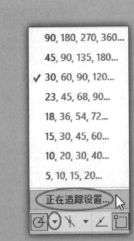

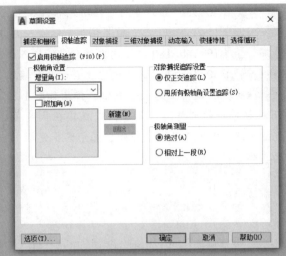

图 1-30 "极轴追踪"下拉菜单          图 1-31 "极轴追踪"选项卡

1)"极轴角设置"选项组可以用来设置极轴角度。在"增量角"下拉列表框中可以选择已预设好的角度（如30°），系统将对所有0°～360°中的30°倍数角（如0°、30°、60°、90°和120°等）方向进行显示追踪。如预设的增量角不能满足用户需要，可选中"附加角"复选框，单击"新建"按钮，输入要增加的角度。注意：如仅仅需要设置"增量角"，则无须打开选项卡进行设置，可直接单击状态栏上的"极轴追踪"按钮 右侧的三角按钮▼或在按钮 上右击，在弹出的如图 1-30 所示的下拉菜单中选择所需的角度即可。

2)"对象捕捉追踪设置"选项组采用默认设置，本书后面再做具体介绍。

3)对话框中"极轴角测量"选项组用于设置极轴角的参照标准。"绝对"选项表示使用绝对极坐标，以 X 轴正方向为0°；"相对上一段"选项表示根据上一段绘制的直线确定极轴角，即系统把上一段直线所在方向设为0°。

**3. 极轴追踪模式的操作方法**

"极轴追踪"设置并启用后，在绘图过程中当光标所在位置位于所设增量角、附加角或整数倍增量角的角度线附近，光标将自动吸附在这些角度线上并显示一条无限延伸的辅助线，单击即可绘制出一条具有精确角度的直线，如图 1-32 所示。由于极轴追踪模式已经控制了直线的方向，所以要绘制一定长度和角度的直线，只须输入长度值即可。

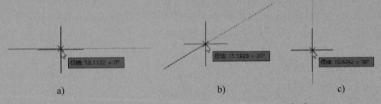

a)                              b)                              c)

图 1-32 "极轴追踪"绘制 0°、30° 和 90° 直线

说明 1：状态栏上的"极轴追踪"和"正交"模式是不能同时打开的，打开其中一个，则另一个将自行关闭。通常，"极轴追踪"模式可以绘制任意角度线，包括0°、180°的水平线和90°、270°的竖直线。另外，在"极轴追踪"模式下使用"复制"和"移动"等命令，当需要移动光标操作时，光标可方便地沿任意方向移动到目标

点的位置；但在"正交"模式下，光标只能沿水平或竖直方向移动，如果目标点不在光标位置的水平或竖直方向上，则光标将无法移动到目标点位置。因此，采用"极轴追踪"模式来代替"正交"模式通常在操作上会更方便一些。

说明2："动态输入"也有类似"极轴追踪"的操作，即绘制时移动光标使角度框显示的角度为需要输入的角度，然后在长度坐标框中输入长度值并按<Enter>键即可。但是此操作在移动光标时角度框中的角度显示是按每隔1°进行增加或减少，没有自动吸附到所需要的角度线上的功能，操作不便且又费时。另外，由于角度显示是按每隔1°进行增减的，非常灵敏，有时一不小心动了一下鼠标，本来显示的正确角度又发生了变化。虽然"动态输入"存在上述缺点，但它也有优点："动态输入"时，在光标附近提供了一个输入或提示界面，可以使用户更专注于绘图窗口。因此，两种操作各有千秋。用户可以将"极轴追踪"功能和"动态输入"功能同时打开，兼顾两者的优点又可避开其缺点。

# 任务三　图形显示与选择操作

本任务是熟悉 AutoCAD 2020 的图形显示操作和选择操作，为图形的绘制和修改提供方便。

## 一、图形显示操作

为便于绘图操作，AutoCAD 2020 提供了多种控制图形显示的方法，以满足用户观察图形的不同需求。这些命令只能改变图形在屏幕上的显示方式，不能使图形产生实质性的改变，即既不改变图形的实际尺寸也不影响对象间的相对位置。

图形显示操作

1. 图形的缩放

图形的缩放显示命令可以改变图形实体在视窗中显示的大小，以便于实现准确地绘制图形、捕捉目标等操作。启用该操作有以下几种常用方式：

1）菜单栏。单击"视图"菜单栏→"缩放"命令，出现如图1-33所示的二级子菜单，再选择具体的命令进行缩放操作。

2）导航栏。单击导航栏中"缩放"按钮下部的三角按钮，弹出如图1-34所示的下拉菜单，然后选择具体的命令进行缩放操作。

图1-33　"缩放"子菜单

图1-34　"导航栏"缩放下拉菜单

3）工具栏。可在"缩放"工具栏中单击相应的按钮，如图1-35所示。

图1-35　"缩放"工具栏

4）命令行。在命令行输入"ZOOM"并按<Enter>键，出现如图1-36所示的信息提示，然后选中某一命令进行相应的缩放操作。

ZOOM
指定窗口的角点，输入比例因子 (nX 或 nXP)，或者
±ₐ▾ ZOOM [全部(A) 中心(C) 动态(D) 范围(E) 上一个(P) 比例(S) 窗口(W) 对象(O)] <实时>:

图1-36　"ZOOM"命令的信息提示

从上述四种启用方式来看，打开后的缩放子命令几乎是相同的。各缩放子命令的功能如下：

1）范围（E）。启用该命令后，可在当前绘图窗口最大化地显示整个图形。

2）全部（A）。启用该命令后，可在当前绘图窗口最大化地显示整个图形和图形界限所有部分。

**提示**

图形界限用于控制绘图的区域，系统默认的绘图区域是无限大的，一旦设置了图形界限并打开它，用户就只能在有限范围的图形界限内绘制图形。

要设置图形界限，可以选择"格式"菜单栏→"图形界限"命令，或在命令行输入"LIMITS"并按<Enter>键，然后按图1-37所示的命令行提示进行操作。此时，分别输入图形界限左下角点的坐标值和右上角点的坐标值，则生成一个由两个对角点所构成的矩形区域的图形界限。如果要使设置的图形界限生效，应再次执行图形界限命令，然后在如图1-37所示的命令行中输入"ON"并按<Enter>键。

命令：' limits
重新设置模型空间界限：
▶▾ LIMITS 指定左下角点或 [开(ON) 关(OFF)] <0.0000,0.0000>:

图1-37　设置图形界限

通常，机械图形绘制在一个图框内，有了图框，用户就不会将图形绘制在图框以外，因此可以不设绘图界限。

3）窗口（W）。启用该命令后，可通过定义窗口确定放大范围，即用鼠标在屏幕上拾取两点得到一个矩形区域，该区域将被放大至整个绘图窗口。

4）实时（R）。启用该命令后，光标将变成放大镜形状，此时按住鼠标左键向上移动，光标变成形状，图形被放大；反之，按住鼠标左键向下移动，光标变成形状，图形被缩小。

5）上一个（P）。启用该命令后，将恢复上一次的缩放状态。

6）比例（S）。启用该命令后，然后输入所需的比例因子，使视图按比例进行缩放。如果输入的比例仅为数值（如0.5）并按<Enter>键，图形将按比例值进行绝对缩放，即相对于实际尺寸进行缩放；如果在比例值后面加"X"（如0.5X），则将相对于当前显示图形的大小缩放；如果在比例值后面加"XP"（如0.5XP），则将相对于图纸空间的大小缩放。

7）中心（C）。其又称为圆心，启用该命令后，通过指定图形的显示中心和缩放比例，

图形将以该指定中心为缩放中心并按给定的比例缩放。

8）动态（D）。启用该命令后，在绘图窗口将出现一个蓝色的虚线框和一个黑色的实线框，蓝色的虚线框内显示所有的绘制对象，黑色的实线框用于选择需要放大的部位，该黑色实线框中心位置有 × 号，如图 1-38a 所示，单击鼠标左键，× 号消失。而在黑色实线框的右边线出现一个方向箭头→，此时移动鼠标可调整其大小，如图 1-38b 所示。再次单击鼠标左键，则又恢复到含 × 号的黑色实线框状态，移动黑色实线框至目标对象合适处，如图 1-38c 所示，按<Enter>键则黑色实线框中的图形部分被放大至整个绘图窗口。

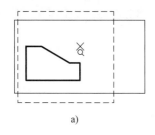
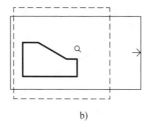
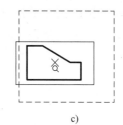

a)                              b)                              c)

图 1-38  动态缩放操作

9）对象（O）。启用该命令后，选择要缩放的对象并按 <Enter> 键，可使被选择的图形对象最大化地显示在绘图窗口，并使其位于视图的中心。

10）放大。启用该命令后，图形将放大至当前图形的两倍。

11）缩小。启用该命令后，图形将缩小至当前图形的 0.5 倍。

**【拓展】透明命令的使用**

有些命令可以在执行绘图或编辑命令的过程中进行操作，且这些命令的执行并不影响原来正常的绘图或编辑命令的功能，执行完这些命令后可继续进行原来的操作，因此可以形象地将此类命令称为透明命令。最常用的透明命令是图形显示命令。使用时应在输入该透明命令之前输入单引号（'），输入透明命令并按 <Enter> 键后，命令行中关于透明命令操作提示信息前会有双折号（>>）。完成透明命令操作后，系统将继续执行原命令。例如：画直线过程中需要对图形进行缩放后再继续绘制直线，具体操作如下：

命令行：LINE ✓（直线命令）

LINE 指定第一点：（在屏幕上拾取一点作为直线的第一点）

LINE 指定下一点或 [ 放弃（U）]：'ZOOM ✓（使用透明命令 ZOOM）

>>指定窗口的角点，输入比例因子（nX 或 nXP），或者

ZOOM[ 全部（A）/中心（C）/动态（D）/范围（E）/上一个（P）/比例（S）/窗口（W）/对象（O）]< 实时 >：W ✓（启动窗口缩放方式）

>>指定第一个角点：在屏幕合适的位置拾取一点（作为窗口缩放的第一角点）

>>指定对角点：在屏幕合适的位置拾取另一点（作为窗口缩放的第二角点）

正在恢复执行 LINE 命令

LINE 指定下一点或 [ 放弃（U）]：继续执行"直线"命令操作

2. 视图平移

使用 AutoCAD 绘图时，当前图形文件中的所有图形实体并不一定全部显示在屏幕内或图形在屏幕中的位置不利于观察和操作。此时如果想查看屏幕外的图形或调整图形的操作位置，

可以使用实时平移操作。平移操作不会改变当前图形的缩放显示比例，启用实时平移操作主要有以下几种方式：

1）菜单栏。单击"视图"菜单栏→"实时平移"命令。

2）工具栏。单击"标准"工具栏→"实时平移"按钮🖑。

3）导航栏。单击导航栏上的"实时平移"按钮🖑。

4）命令行。在命令行输入"PAN"并按 <Enter> 键。

启用实时平移命令后，光标变为手形🖑，如图 1-39 所示。按住鼠标左键，同时拖动光标，即可将图形进行视觉上的移动；当图形移到适当的位置后，释放鼠标左键。如要结束"实时平移"命令，可按 <Esc> 键或 <Enter> 键退出操作。

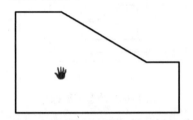

图 1-39　"实时平移"命令的执行显示

**【技巧】如何使用鼠标实现平移和部分缩放功能**

在 AutoCAD 中，使用鼠标中键（滚轮）可以实现实时平移和部分缩放功能的操作，且鼠标操作方便快捷。

1）向前滚动滚轮可放大视图，向后滚动滚轮可缩小视图。

2）双击鼠标中键可将所绘图形最大化地全部显示在绘图窗口中。

3）按住鼠标中键不放，光标变成手形，移动鼠标可以平移视图，松开鼠标则结束平移操作。

3. 图形的重画与重生成

在绘图和编辑的过程中，屏幕上常常留下对象的拾取标记，这些临时标记并不是图形中的对象，但有时会使当前图形画面显得混乱。为了擦除这些不必要的临时标记、让图形显得整洁清晰，可使用 AutoCAD 的重画和重生成功能。

（1）图形的重画　单击"视图"菜单栏→"重画"命令，或在命令行输入"REDRAWALL"命令并按 <Enter> 键。执行该命令后，屏幕上原有的图形将被刷新。如果原图中有残留的临时标记，则刷新后的图形中不再出现这些临时标记。

（2）图形的重生成　单击"视图"菜单栏→"重生成"命令，或在命令行输入"REGEN"命令并按 <Enter> 键。执行该命令后，系统则重新生成全部图形并在屏幕上显示出来。执行"重生成"命令时，系统要把图形文件的原始数据重新计算一遍，因此它要比执行"重画"命令生成图形的速度慢。但该命令的优点是：通过重生成图形可以提高图形的显示质量。

**二、对象的选择操作**

用户在对图形进行编辑时，首先要选择对象，然后再对其进行编辑，因此对象选择是一种常用的、使用频率极高的操作。针对不同的情况，采用最

对象的选择
操作

佳的选择方式能大幅提高图形的编辑效率。AutoCAD 提供了多种选择对象的方式，这里仅介绍其中一些常用的、快捷的方式。

1. 点选方式

若需要选择的对象数量较少，可以采用点选的方式。将光标移动到要选择的对象上，然后单击，则可选中该对象。如果要继续选择其他对象，可依次连续单击要选择的其他对象。

**提示**

AutoCAD 有两种可能的选择环境：可能是在执行命令前选择对象，也可能是在执行命令中选择对象。

若是在执行命令前选择对象，绘图窗口的光标为十字形，所选择的对象将以特定的加亮线显示，其上还有方块形状的点，这些点称为夹点。例如：对前面已绘制好的如图1-16所示的直线图形进行选择，底部直线被选中的结果如图1-40所示。

若是在执行命令中选择对象，如单击"修改"工具栏中的"删除"按钮✐或单击功能区"默认"选项卡→"绘图"面板→"删除"按钮✐，则绘图窗口的十字光标将变成一个小方框。如果对上面的直线图形进行选择，移动光标至底部直线，然后单击，底部直线将被选中，此时被选中的直线显示为淡灰色，如图1-41所示。

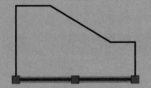

图1-40 执行命令前的选择显示

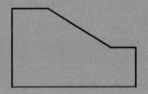

图1-41 执行命令中的选择显示

注意：对于后续的选择方式，将以执行命令中的选择环境来介绍。

2. 窗选或窗交方式

如果希望一次选择一组相邻的多个对象，可以使用窗选或窗交的方式。

（1）窗选方式 该方式用于选中完全显示在窗口的对象。在启用某命令之后的选择环境下，首先单击要选择的图形部分的左上角，给出左上角点 M，然后移动鼠标至要选择的图形部分的右下角点 N 处，则出现如图1-42a所示的矩形窗口，单击确定右下角点 N，则被完全包含在矩形窗口中的对象变成浅灰色，即被选中，如图1-42b所示。注意：矩形选择窗口必须从左到右来创建。

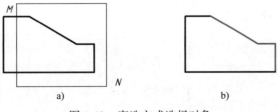

图1-42 窗选方式选择对象

（2）窗交方式 该方式用于选中完全及部分显示在窗口中的对象，即包含与窗口相交的对象。在启用某命令之后的选择环境下，首先单击要选择的图形部分的右下角，给出右下角点 N，然后移动鼠标至要选择的图形部分的左上角点 M 处，则出现如图1-43a所示的矩形窗口，单击

确定左上角点 *M*，则被完全包含在矩形窗口中的对象以及与矩形窗口相交的对象将全部变成浅灰色，即被选中，如图 1-43b 所示。注意：矩形选择窗口必须从右到左来创建，这个操作与窗选方式刚好相反。

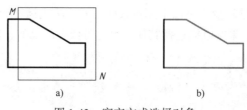

图 1-43　窗交方式选择对象

3. 全选方式

在启用某命令之后的选择环境下，直接在命令行输入"ALL"后按 <Enter> 键，将选中整个图形对象。

**提示**

1）如果在执行某命令之前要选择整个图形对象，可以按键盘上 <Ctrl+A> 组合键，或单击功能区"默认"选项卡→"实用工具"面板→"全部选择"按钮。

2）在 AutoCAD 2020 中，所有被选中的对象将成为一个选择集，如果要从该选择集中取消某个被选中的对象，可在按 <Shift> 键的同时单击需要取消的已被选中的对象。

4. 快速选择

在 AutoCAD 2020 中，利用"快速选择"命令可以根据指定的过滤条件（如对象的类型、颜色、线型和长度等特性）来快速选择对象。启用"快速选择"命令主要有以下几种方式：

1）功能区。单击功能区"默认"选项卡→"实用工具"面板→"快速选择"按钮。

2）菜单栏。单击"工具"菜单栏→"快速选择"命令。

3）命令行。在命令行输入"QSELECT"并按 <Enter> 键。

启用"快速选择"命令后，可以打开"快速选择"对话框，如图 1-44a 所示。用户可以根据需要对该对话框进行相应设置，如在"应用到"下拉列表框中选择"整个图形"选项，在"对象类型"下拉列表框中选择"直线"选项，在"特性"列表框中选择"长度"选项，在"运算符"下拉列表框中选择"> 大于"选项，在"值"文本框中输入"20"，在"如何应用"选项组中单击"包括在新选择集中"单选按钮，单击"确定"按钮，则直线图形中长度大于 20mm 的所有直线均被选中，如图 1-44b 所示。

**提示**

1）在"如何应用"选项组中，如单击"包括在新选择集中"单选按钮，则选择的是满足过滤条件的对象；如单击"排除在新选择集之外"单选按钮，则选择的是不满足过滤条件的对象。

2）如果不勾选"附加到当前选择集"复选框，则由"快速选择"命令所创建的选择集将替代前面已有选择集；如果勾选"附加到当前选择集"复选框，则由"快速选择"命令所创建的选择集将追加到前面已有选择集中。

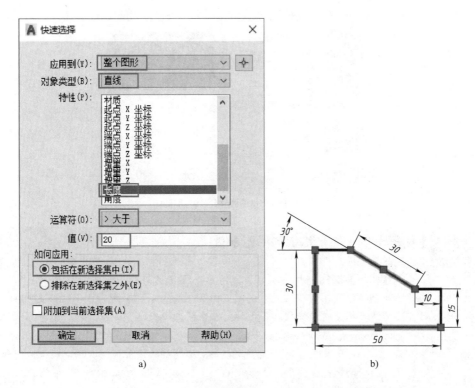

图 1-44　"快速选择"选择对象

# 任务四　图形文件管理操作

本任务是对图形文件进行管理操作。文件管理是软件操作的基础。在 AutoCAD 2020 中，图形文件管理操作包括新建文件、保存文件、关闭文件和打开文件等。

**一、新建文件**

启动 AutoCAD 2020 后，选择 AutoCAD 2020 初始界面（图 1-1）中的"开始绘制"命令，系统会自动新建一个文件，该文件默认以"acadiso.dwt"为样板。

用户可以直接使用此图形文件，如果要在已有文件下重新创建一个新的文件，则可以通过以下方式来新建一个空白图形文件：

1）命令行。在命令行输入"NEW"并按 <Enter> 键。

2）菜单栏。单击"文件"菜单栏→"新建"命令。

3）应用程序按钮。单击应用程序按钮→"新建"命令。

4）快速访问工具栏。单击快速访问工具栏→"新建"按钮 。

5）"标准"工具栏。单击"标准"工具栏→"新建"按钮 。

6）快捷组合键：<Alt+N>。

> 图形文件
> 管理操作

执行上述操作后，系统将打开如图 1-45 所示的"选择样板"对话框，选择某一图形样板，如"acadiso"，单击对话框上的"打开"按钮，即可创建一个空白图形文件。

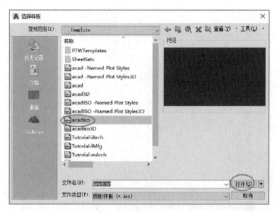

图 1-45　"选择样板"对话框

　**【拓展】关于图形样板和图形单位**

1. 图形样板

图形样板其实是一种绘图环境，可以有图纸的边框、标题栏以及绘图单位等。选择一个合适的图形样板文件能够提高绘图的效率。用户也可以自己创建需要的图形样板文件，相关内容将在后面的单元任务中讲解。

"acadiso.dwt"是 AutoCAD 默认的标准样板文件。该样板文件的图形单位被设置为米制，长度单位为 mm，而图纸的边框、标题栏等没有提供。在绘制机械图形时，如果事先没有创建符合需要的图形样板文件，一般选用"acadiso.dwt"图形样板文件，因为它与机械图形的使用环境最为接近。

注意：选择系统的图形样板文件一定要小心，比如用户选择了图形样板文件"acad.dwt"，此时图形绘制的单位为 in，如还想采用米制单位绘图，则需要对图形单位进行设置。

2. 图形单位

如果用户选择的图形样板文件的图形单位并非自己想要的，此时就需要重新设置图形单位。另外，系统默认的图形单位格式、精度等是固定的，有时也不能满足用户的使用需求，因此 AutoCAD 2020 提供了对图形单位中的多项内容进行设置的命令。

单击"格式"菜单栏→"单位"命令，或单击应用程序按钮▲→"图形实用工具"→"单位"命令，或在命令行输入"UNITS"，系统会弹出如图 1-46 所示的"图形单位"对话框，然后在该对话框中对各选项进行设置。该对话框各选项的含义如下：

1）"长度"选项组。根据国家制图标准，在"类型"下拉列表框中选择"小数"选项，精度根据实际绘图的精度而定，一般选择"0.000"选项就足够了。

2）"角度"选项组。角度类型一般选择"十进制度数"，角度精度根据绘图要求而定，一般选择"0"选项就足够了。

3）"顺时针"复选框。如选中此复选框，则表示按顺时针旋转的角度值为正，未选中则表示按逆时针旋转的角度值为正。

4）"插入时的缩放单位"选项组：用于选择插入到当前图形中的块及图形的单位，也是当前绘图环境的单位。

5）"方向"按钮。单击该按钮，系统将弹出如图 1-47 所示的"方向控制"对话框。该对话框用于设置起始角的方位，通常将"东"作为角度的起始方向。

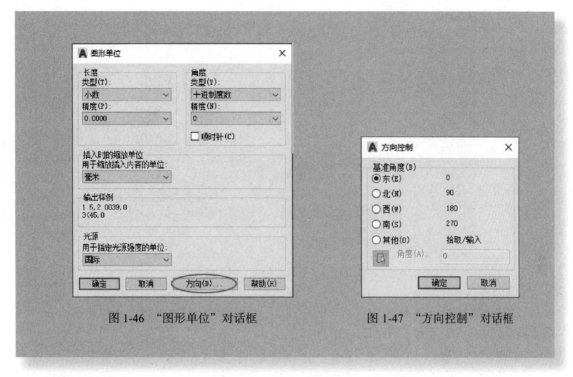

图 1-46 "图形单位"对话框　　　　图 1-47 "方向控制"对话框

## 二、保存文件

在绘制图形的过程中，要养成经常保存图形文件的好习惯，以避免因突然断电或发生其他意外情况而导致数据丢失。用户可以选择"保存"和"另存为"方式来存储文件。

### 1. 保存新文件

保存新文件就是对新绘制的、还没有保存过的文件进行保存，需选择"保存"方式来存储文件。启用"保存"命令的方法有如下几种：

1）命令行。在命令行输入"QSAVE"并按 <Enter> 键。

2）菜单栏。单击"文件"菜单栏→"保存"命令。

3）应用程序按钮。单击应用程序按钮 **A** →"保存"命令。

4）快速访问工具栏。单击快速访问工具栏→"保存"按钮 🖫。

5）"标准"工具栏。单击"标准"工具栏→"保存"按钮 🖫。

6）快捷组合键：<Ctrl+S>。

下面以前面绘制的直线图形为例介绍保存操作。由于该直线图形是第一次保存，所以启用"保存"命令后，系统会弹出如图 1-48 所示的"图形另存为"对话框。在该对话框中，"保存于"下拉列表框用于设置图形文件的保存路径；"文件名"文本框用于输入图形文件的名称，这里输入文件名为"直线图形"；"文件类型"下拉列表框用于选择文件的保存格式，这里采用图形文件的默认格式（"*.dwg"），单击对话框上的"保存"按钮，则新文件将按指定的路径和文件名被保存在计算机中。

如果当前所绘图形文件是已保存过的文件，用户对该文件进行修改后，再执行上述"保存"命令将不会出现"图形另存为"对话框，AutoCAD 会自动按照先前定义好的路径和文件名来保存对文件所做的修改。

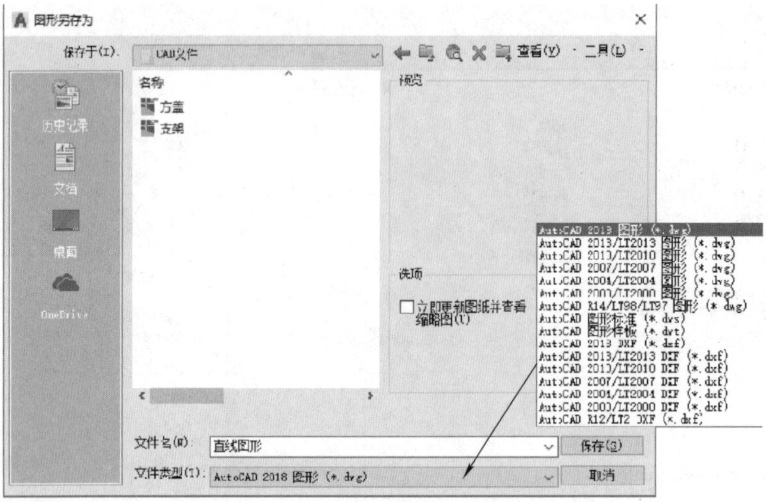

图 1-48　"图形另存为"对话框

2. 另存为其他文件

当用户想在已保存的图形上进行修改操作，但又不想影响原来的图形，可以使用"另存为"命令操作，用一个新名称或新路径来保存该文件。启用"另存为"命令有以下几种方法：

1）命令行。在命令行输入"SAVEAS"并按 <Enter> 键。

2）菜单栏。单击"文件"菜单栏→"另存为"命令。

3）应用程序按钮。单击应用程序按钮 A →"另存为"命令。

4）快速访问工具栏。单击快速访问工具栏→"另存为"按钮 ▦ 。

5）快捷组合键：<Ctrl+Shift+S>。

### 【技巧】如何设置和打开自动保存图形文件

使用过程中，文件绘制一段时间后就要保存，以防数据丢失。此外，用户也可以通过设置来减少因意外而造成的损失。

其具体做法为：在绘图窗口右击，在弹出的快捷菜单中单击"选项"命令或单击应用程序按钮 A →"选项"命令，系统弹出"选项"对话框，单击"打开和保存"选项卡，如图 1-49 所示，在"文件安全措施"选项组内选中"自动保存"和"每次保存时均创建备份副本"两个复选框，并根据需要在"自动保存"下部文本框中输入合适的保存时间间隔，最后单击"确定"按钮关闭对话框。

"自动保存"用于实现文件的定时保存。用户可以在如图 1-49 所示的"选项"对话框中单击"文件"选项卡，在"搜索路径、文件名和文件位置"列表框中，打开"自动保存文件"这一项，就可以看到 AutoCAD 自动保存路径。自动保存文件的后缀为".sv$"，通常默认保存路径为 C：\Documents and Settings\Administrator\Local Settings\Temp。自动保存文件是在 AutoCAD 非正常关闭的情况下才可以找到的，文件会有如图 1-50 所示的图标。如正常关闭，则无法找到自动保存的文件。用户根据路径找到以".sv$"为后缀的自动保存文件，然后把后缀改成".dwg"格式，再用 AutoCAD 软件打开就可以看到保存的内容。

"每次保存时均创建备份副本"用于在文件执行保存时自动创建一个副本文件，其文件名与所保存的文件同名，但后缀格式不同，副本文件的后缀格式为".bak"。当源文件不小心被删掉或者被覆盖时，此时将副本文件的后缀改成".dwg"格式，再用 AutoCAD 软件打开就可以恢复已保存过的源文件内容。

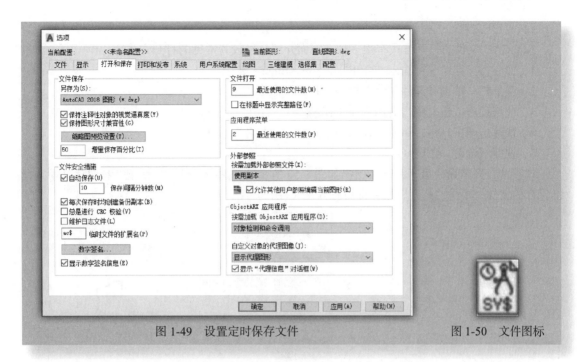

图 1-49 设置定时保存文件　　　　　　　　　　图 1-50 文件图标

执行"另存为"命令后，系统会弹与图1-48所示相同的"图形另存为"对话框，用户可以在此对话框中设置新名称或新路径来另存该文件。

**【拓展】将图形另存为低版本文件**

在日常生活中，用户之间的图形文件交流是司空见惯的，但常常会因为彼此的软件版本不同而无法打开图形文件。通常，高版本的 AutoCAD 软件能打开低版本软件所绘制的图形，但低版本的 AutoCAD 软件却无法打开高版本软件所绘制的图形。

对于使用高版本的用户，可以通过"另存为"命令将图形文件存为低版本格式，即启用"另存为"命令，弹出如图1-48所示的"图形另存为"对话框，在"文件类型"下拉列表框中，选择需要保存的版本格式，如选择"AutoCAD 2000/LT2000 图形（\*.dwg）"选项，则任何不低于 AutoCAD 2000 的版本均可以打开此文件。

**三、关闭文件**

在不退出 AutoCAD 2020 软件的情况下，关闭当前活动图形文件的方法主要有以下几种：

1）命令行。在命令行输入"CLOSE"并按 <Enter> 键。

2）菜单栏。单击"文件"菜单栏→"关闭"命令，或单击菜单栏最右侧的"关闭"按钮✕。

3）应用程序按钮。单击应用程序按钮▲→"关闭"命令。

4）标签栏。单击标签栏"文件名标签"右侧的"关闭"按钮。

5）快捷组合键：<Alt+F4>。

在关闭当前文件之前，如果用户对图形内容进行修改而未及时进行保存操作，在执行文件关闭时，系统将弹出如图1-51所示的提示对话框，询问用户是否将改动保存到指定文件。此时单击"是"按钮或直接按 <Enter> 键，可保存当前图形文件并将其关闭；单击"否"按钮，可关闭当前图形文件但不存盘；单击"取消"按钮，取消关闭当前图形文件操作，即不保存也不关闭。

#### 四、打开文件

AutoCAD 文件的打开方式有很多种，下面介绍几种较为常见的打开方式。

1）命令行。在命令行输入"OPEN"并按 <Enter> 键。

2）菜单栏。单击"文件"菜单栏→"打开"命令。

3）应用程序按钮。单击应用程序按钮→"打开"命令。

4）快速访问工具栏。单击快速访问工具栏→"打开"按钮。

5）快捷组合键：<Ctrl+O>。

执行"打开"命令后，系统会弹出如图 1-52 所示的"选择文件"对话框，在对话框中选择已保存的文件，单击"打开"按钮即可打开该文件。

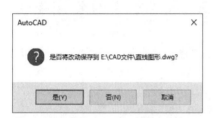

图 1-51 提示对话框

图 1-52 "选择文件"对话框

#### 五、退出 AutoCAD 2020

AutoCAD 软件的退出有多种方式，具体如下：

1）命令行。在命令行输入"QUIT"并按 <Enter> 键。

2）菜单栏。单击"文件"菜单栏→"退出"命令。

3）应用程序按钮。单击应用程序按钮→"退出 Autodesk AutoCAD 2020"命令。

4）标题栏。单击标题栏最右侧的"关闭"按钮。

5）快捷组合键：<Alt+f+x>。

如果当前图形中有操作内容未保存，则系统也会出现如图 1-51 所示的提示对话框，提示用户是否进行存盘操作。

> **【单元细语】国内计算机技术与CAD软件的发展**
> 　　计算机绘图软件的发展离不开计算机技术的发展。我国研制的"银河"系列巨型计算机已经处于世界领先水平，这是我们中国人的骄傲。改革开放前，由于没有高性能的计算机，我国勘探的石油矿藏数据和资料不得不用飞机送到国外去处理，不仅费用昂贵，而且受制于人。自从有了巨型计算机，我国的大型科学计算不仅不再受制于人，而且由于该巨型计算机在天气预报、空气动力实验、工程物理、石油勘探及地震数据处理等领域获得广泛应用，产生了巨大的经济效益和社会效益。在计算机的 CPU 研制方面，我国也有了具备独立知识产权的"龙芯"芯片，其成本低、

功耗低，并已达到国际先进水平。自2010年起，"龙芯"正式以公司的形式运行，开始了真正意义上的规模产业化发展。2015年3月31日，中国发射了首枚使用"龙芯"的北斗卫星。过去，代表着国际IT顶尖技术的CPU芯片一直被英特尔等国外巨头所垄断，中国企业及消费者为之付出了巨额版权费。"龙芯"的研制成功标志着中国已打破国外垄断，对国家安全、经济发展都有着举足轻重的作用。

我国的CAD软件发展起步较晚，经过多年的探索，已有了很大的进步，但和国外成熟的CAD软件相比，在性能和稳定性方面还有一定的差距，尤其是在高端3D领域方面。中兴、华为事件为中国企业再鸣警钟，必须加强自主研发，紧握核心技术。当前，随着制造强国战略的推进，我国正全面提升制造创新能力，加快向"制造强国"的转变，关乎我国智能制造的重要基础和核心支撑的工业软件也日益受到更高的关注，其国产化程度将对实现制造强国的目标具有重要意义。相信只要我们坚持初心，不断地去研发、去创新，就一定会像"银河"和"龙芯"一样获得成功。

## 练一练

1. 利用正交模式绘制如图1-53所示的直线图形，练习文件的管理操作。

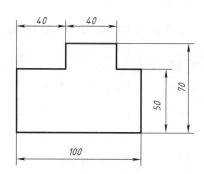

图1-53 直线图形练习一

2. 利用极轴追踪模式绘制如图1-54和图1-55所示的直线图形。

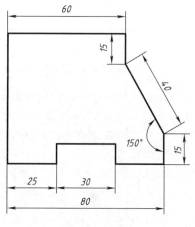

图1-54 直线图形练习二

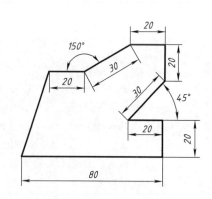

图1-55 直线图形练习三

# 单元二  绘制平面图形

## 学习导航

| | |
|---|---|
| 学习目标 | 掌握机械线型的创建和管理操作以及图线的精确定位，能够绘制平面图形。 |
| 学习重点 | 图层的设置与管理、对象捕捉、基本二维绘图和修改命令。 |
| 相关命令 | 图层、矩形、圆、复制、偏移、移动、修剪、打断、删除、旋转、多边形、延伸和分解等。 |
| 建议课时 | 4~6 课时。 |

## 任务一  利用图层操作创建和管理机械线型

图层操作是 AutoCAD 2020 提供的强大功能之一，利用图层操作可以方便地对图形进行管理。用 AutoCAD 绘制机械图样时，不仅需要为组成图形的线段指定线型，而且还要为图形中的尺寸及文字指定线型。通过图层操作，可以将这些对象按类别置于不同线型的图层里。本任务将根据表 2-1 中的信息来创建和管理相关线型。

**表 2-1　各图层的名称、颜色和线型等信息**

| 层名 | 颜色 | 线型 | 用　　途 | 线宽 /mm |
|---|---|---|---|---|
| 粗实线 | 白色 | Continuous | 可见轮廓线、剖切面的粗剖切线等 | 0.5 |
| 细实线 | 绿色 | Continuous | 剖面线、辅助线、断裂线等 | 0.25 |
| 细虚线 | 黄色 | Dashed | 不可见轮廓线 | 0.25 |
| 细点画线 | 红色 | CENTER | 中心线、轴线等 | 0.25 |
| 细双点画线 | 洋红 | Phantom | 极限位置的轮廓线、中断线等 | 0.25 |
| 标注 | 绿色 | Continuous | 标注尺寸线、尺寸界线、引线等 | 0.25 |
| 文字 | 绿色 | Continuous | 文字说明 | 0.25 |

**提示**

表 2-1 中各图层中的线型颜色是根据 GB/T 18229—2000《CAD 工程制图规则》选定的。但为了节省成本，在打印机械图样时，往往只使用黑白打印，而不使用彩色打印。因此，常常将图层的线型颜色均设为白色，以确保所打印的图线清晰。

注意：在 AutoCAD 中将图层的颜色设为白色，图线在绘图界面中的显示并非一定是白色。当背景颜色为黑色时，图线显示为白色，而当背景颜色为白色时，则图线显示为黑色。

### 一、创建机械线型

**1. 创建一个新文件**

单击快速访问工具栏→"新建"按钮 ，在弹出的"选择样板"对话中选择"acadiso"图形样板并单击"打开"按钮，可创建一个空白的图形文件。单击快速访问工具栏→"保存"按钮 ，在弹出的"图形另存为"对话框中输入文件名"机械线型"，单击"保存"按钮，完成文件的命名。

创建机械线型

**2. 启用"图层特性管理器"命令**

"图层特性管理器"命令既可用于图层的创建，又可用于图层的管理。"图层特性管理器"命令为新命令，启用该命令主要有以下几种方式：

1）命令行。在命令行输入"LAYER"并按 <Enter> 键。

2）菜单栏。单击"格式"菜单栏→"图层"命令。

3）功能区。单击"默认"选项卡→"图层"面板→"图层特性"按钮 。

4）工具栏。单击"图层"工具栏→"图层特性管理器"按钮 。

启用"图层特性管理器"命令后，系统弹出如图 2-1 所示的"图层特性管理器"对话框。

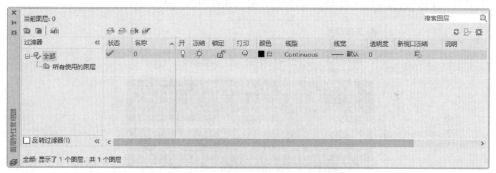

图 2-1 "图层特性管理器"对话框

**提示**

1）在图层特性管理器中，0 图层是系统默认的图层，用户不能对该图层进行删除或重命名，但可以对该图层的颜色、线型和线宽等属性进行修改。

2）如果某个命令有多种启用方式，通常在第一次使用时介绍，后期使用时将不再全部说明，只介绍其中一种方式。

**3. 设置图层**

（1）创建并命名新图层　单击"图层特性管理器"对话框上方的"新建图层"按钮 ，在列表框中会自动出现一个名为"图层 1"的新图层，此时含"图层 1"名的文本框处于可输入状态，在文本框中直接输入新的名称"粗实线"，完成对该图层的重命名。该新图层继承了当前图层（0 层）的所有特性（如状态、颜色和线型等）。用同样的方法可完成其余图层的新建和命名操作，结果如图 2-2 所示。

**提示**

在创建图层时，如果没有及时给图层命名，则需要对图层进行重命名。重命名的方法是：先单击选中要修改的图层名，然后再次单击该图层名，则图层名文本框处于可编辑状态，此时可对该图层进行重命名。

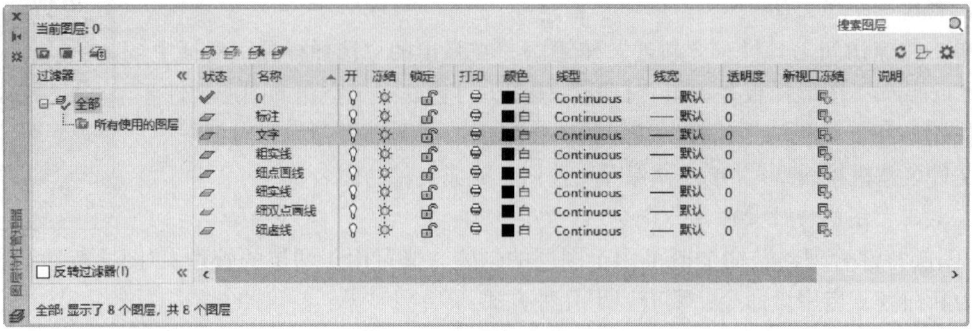

图 2-2　新建并命名新图层

（2）设置各图层颜色　在图 2-2 中，单击"细点画线"层所在行的"白"（该图层的初始颜色）颜色项，弹出如图 2-3 所示的"选择颜色"对话框。在对话框中选择所需的颜色，如"红色"，然后单击"确定"按钮，返回"图层特性管理器"对话框，完成"细点画线"层的颜色设置。用同样的方法可完成对其余图层颜色的设置，结果如图 2-4 所示。

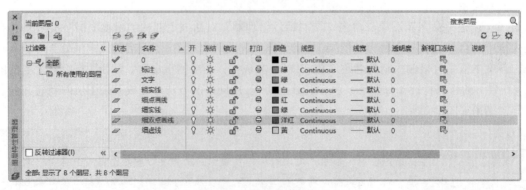

图 2-3　"选择颜色"对话框

图 2-4　设置图层颜色

（3）设置各图层线型 在图 2-4 中，各图层的线型均为"Continuous"，其中"细点画线"层、"细双点画线"层和"细虚线"层的线型与表 2-1 不符，需要设置。单击"细点画线"层上的"Continuous"（图层默认线型）线型项，弹出"选择线型"对话框，如图 2-5 所示。

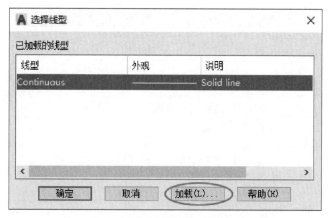

图 2-5 "选择线型"对话框

单击"选择线型"对话框中的"加载"按钮，弹出如图 2-6 所示的"加载或重载线型"对话框，选择"CENTER"线型，单击"确定"按钮，关闭该对话框，返回"选择线型"对话框，如图 2-7 所示。选中已加载的"CENTER"线型，单击"确定"按钮返回"图层特性管理器"对话框，此时"细点画线"层的线型变成"CENTER"线型。用同样的方法可完成对"细双点画线"层和"细虚线"层的线型设置，结果如图 2-8 所示。

（4）设置各图层的线宽 在图 2-8 所示对话框中，选中"粗实线"层，单击"粗实线"层上的"默认"线宽项，打开"线宽"对话框，如图 2-9 所示。选择"0.50mm"线宽，单击"确定"按钮后返回"图层特性管理器"对话框，此时"粗实线"层的线宽已由"默认"变成了"0.50mm"。用同样的方法可完成对其余图层线宽的设置，结果如图 2-10 所示。

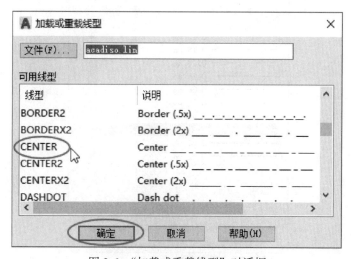

图 2-6 "加载或重载线型"对话框

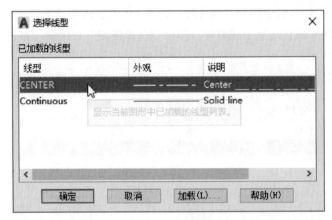

图 2-7　返回后的"选择线型"对话框

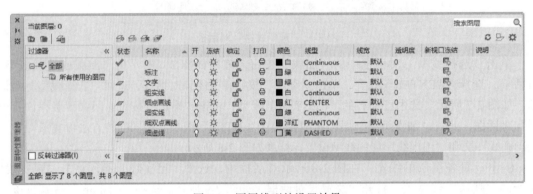

图 2-8　图层线型的设置效果

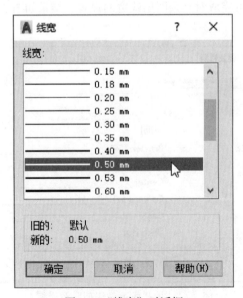

图 2-9　"线宽"对话框

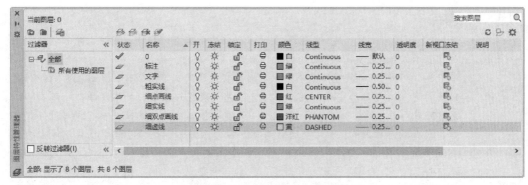

图 2-10　图层线宽的设置效果

通过上述操作可完成与机械线型相关的图层创建。最后单击快速访问工具栏→"保存"按钮💾，将图层设置的相关信息保存下来。

**二、管理机械线型**

管理机械线型是通过图层管理操作来实现的。图层管理操作包括切换图层、改变对象所在的图层、图层状态控制等多个方面。下面介绍一些常见的图层管理操作。

**1. 切换图层**

在 AutoCAD 中绘图时，为了将不同的图形元素绘制在不同的图层上，用户需要经常在不同的图层间进行切换。例如：在上面的"机械线型"文件中，用户要想在"粗实线"层中绘制图形，就必须将该图层设置为当前层，图层切换可以采用以下几种做法来实现：

1）在如图 2-10 所示的"图层特性管理器"对话框中选中"粗实线"层，然后单击对话框上部的"置为当前"按钮✍，则把该图层设置为当前层，同时该图层名的右侧会显示✔标记，表示已把该图层置为当前层。关闭"图层特性管理器"对话框，系统将返回到"粗实线"层。

2）单击"图层"工具栏中的"图层特性管理器"按钮🔲右侧的"图层控制"，出现如图 2-11 所示的下拉列表框，选中"粗实线"选项，即将当前图层改为"粗实线"层。

3）在功能区"默认"选项卡的"图层"面板中，单击"图层特性"按钮🔲右侧的三角按钮▾，出现如图 2-12 所示的"图层"下拉列表框，选中"粗实线"选项，即将当前图层改为"粗实线"层。

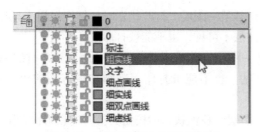

图 2-11　"图层控制"下拉列表框

图 2-12　功能区"图层"下拉列表框

**提示**

　　1）如果在"粗实线"层上绘制的水平直线没有显示线宽，用户需单击状态栏上的"显示/隐藏线宽"按钮，打开"显示线宽"状态。

　　2）打开"显示线宽"状态后，有时粗实线的线宽显示较宽，不过图形打印仍为设置的宽度，与显示宽度无关。用户可以调整线宽的显示，具体方法是：单击功能区"默认"选项卡→"特性"面板→"线宽"按钮右侧选择框→"线宽设置"命令，或在状态栏上的"显示/隐藏线宽"按钮上右击，选择"线宽设置"命令，或在菜单栏上单击"格式"→"线宽"命令，或在命令行输入"LW"，系统弹出如图2-13所示的"线宽设置"对话框，拖动"调整显示比例"区下方的滑块，可以使图形中的线宽显示得宽一些或窄一些，然后单击"确定"按钮完成调整。

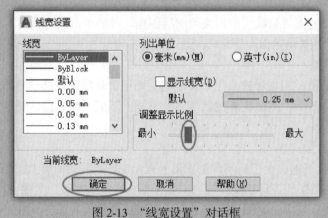

图2-13　"线宽设置"对话框

### 2. 改变对象所在的图层

在实际绘图时，如果绘制完某一图形元素后，发现该图形元素并没有绘制在预先设置的某个图层上，可用鼠标选中该图形元素，然后利用"图层"工具栏或功能区，打开如图2-11或图2-12所示的下拉列表框，在下拉列表框中选择所需放置的图层，然后按键盘上的<Esc>键退出当前选择状态，即可将该对象设置在指定的图层上。

### 3. 图层状态控制

每个图层都具有打开与关闭、冻结与解冻、锁定与解锁等状态，通过改变图层状态可以控制图层上对象的可见性、可编辑性等。用户可利用如图2-10所示的"图层特性管理器"对话框，或如图2-11所示的工具栏"图层控制"下拉列表框，或如图2-12所示的功能区"图层"下拉列表框对图层状态进行控制。

1）打开/关闭。单击♀或♀按钮，将关闭或打开某一图层。打开状态时，灯泡按钮为亮显，图层是可见的；关闭状态时，灯泡按钮为暗色，图层不可见，也不能被打印。

2）冻结/解冻。该功能用于冻结或解冻某一图层。解冻状态的按钮为太阳☼，图层是可见的；冻结状态的按钮为雪花❄，图层不可见，也不能被打印。冻结和解冻按钮可通过单击命令按钮相互切换。

3）锁定/解锁。该功能用于锁定或解锁某一图层。解锁状态的按钮为打开的锁形🔓，图层中的对象是可以被编辑的；锁定状态的按钮为闭合的锁形🔒时，图层上的对象不能被编辑。锁定和解锁按钮可通过单击命令按钮相互切换。

**提示**

"冻结图层"和"关闭图层"在可见性上是相同的,即在该图层上的图形不被显示出来。但两者的作用是不同的:被冻结图层中的图形对象不参加图形处理运算,而被关闭图层中的图形对象则要参加图形处理运算。因此,在工程设计中往往将复杂图样中不需要的图层冻结起来,以加快系统重新生成图形的速度。

## 任务二 利用对象捕捉操作精确定位图线

使用对象捕捉可以精确拾取现有图形对象上的特征点,如直线的端点、中点、圆弧的圆心和切点等。当光标移动到要捕捉的特征点位置时,将显示特征点标记和相应提示。使用对象捕捉功能可快速准确地捕捉到这些点,从而实现图线的精确定位。AutoCAD 2020 提供了两种捕捉模式,即临时捕捉模式和自动捕捉模式。

### 一、临时捕捉

临时捕捉是一次性捕捉模式,这种捕捉模式不是自动的,当需要捕捉某个特征点时,首先要激活该特征点的捕捉功能,然后进行捕捉。另外,该捕捉模式仅对本次捕捉点有效,捕捉动作执行后将自动关闭捕捉功能,下次遇到相同的特征点时需再次激活。

临时捕捉操作

临时捕捉模式功能的启用通常是通过单击"对象捕捉"工具栏上的特征点按钮来实现的。AutoCAD 2020 默认工作界面中是没有"对象捕捉"工具栏的,启用该工具栏可在 AutoCAD 工作界面中的任一工具栏上右击,在弹出的快捷菜单中选择"对象捕捉"命令,或单击"工具"菜单栏→"工具栏"→"AutoCAD"→"对象捕捉"命令,如图 2-14 所示。

图 2-14 "对象捕捉"工具栏

打开"对象捕捉"工具栏后,在绘图过程如需捕捉某个特征点,可单击该工具栏上相应的特征点按钮,再把光标移动到要捕捉对象的特征点附近,系统将显示相应的特征点标记,此时单击即可完成对该点的捕捉。

工具栏中各按钮的功能是不同的,而且工具栏中各功能按钮图形与操作过程中出现的标记形状也是不相同的,所以必须熟悉这些按钮的功能、图形及标记。表 2-2 列出了"对象捕捉"工具栏中各种捕捉按钮、名称、快捷命令、功能及标记。

**表 2-2 "对象捕捉"工具栏中各种捕捉按钮、名称、快捷命令、功能及标记**

| 按钮 | 名称 | 快捷命令 | 功 能 | 标记 |
|---|---|---|---|---|
| | 临时追踪点 | TT | 创建对象捕捉所使用的临时追踪点 | 无 |
| | 捕捉自 | FRO | 建立一个临时参照点作为后继追踪点的基点 | 无 |
| | 端点 | END | 捕捉到线段或圆弧上距光标最近的端点 | □ |

（续）

| 按钮 | 名称 | 快捷命令 | 功　　能 | 标记 |
|---|---|---|---|---|
| | 中点 | MID | 捕捉到线段或圆弧等对象的中点 | △ |
| | 交点 | INT | 捕捉到线段、圆弧、圆等对象之间的交点 | × |
| | 外观交点 | APP | 捕捉到两个三维对象在二维平面上的外观交点（空间不相交） | ⊠ |
| | 延长线 | EXT | 捕捉到直线或圆弧等延长线路径上的点 | ⋯ |
| | 圆心 | CEN | 捕捉到圆或圆弧的圆心 | ○ |
| | 象限点 | QUA | 捕捉位于圆、圆弧上 0°、90°180° 和 270° 位置上的点 | ◇ |
| | 切点 | TAN | 捕捉到圆或圆弧的切点 | ⊙ |
| | 垂足 | PER | 捕捉到垂直于直线上的点 | ⊦ |
| | 平行线 | PAR | 捕捉所绘直线与已有直线平行的另一端点 | ∥ |
| | 插入点 | INS | 捕捉图块、文本对象及外部对象的插入点 | ⊓ |
| | 节点 | NOD | 捕捉由 POINT 或 DIVIDE 等命令生成的点 | ⊗ |
| | 最近点 | NEA | 捕捉处在直线、圆弧等图形对象上与光标最接近的点 | ⊠ |
| | 无 | NON | 关闭对象捕捉方式 | 无 |
| | 对象捕捉设置 | OSNAP | 设置自动捕捉方式 | 无 |

**提示**

1）用户也可以通过输入表 2-2 所列的快捷命令实现临时捕捉功能。这些快捷命令属于透明命令，可以在其他命令执行过程中使用。

2）利用"对象捕捉"快捷菜单也可以实现临时捕捉功能，即当系统要求用户指定点时，按住 <Shift> 键或 <Ctrl> 键后不要松开，然后右击，可打开"对象捕捉"快捷菜单，如图 2-15 所示。从该菜单上选择需要的捕捉命令，再把光标移到要捕捉对象上的特征点附近，即可捕捉到相应的对象特征点。

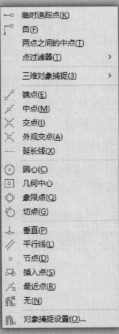

图 2-15　"对象捕捉"快捷菜单

### 二、自动捕捉

在绘图时，有时需要频繁地捕捉一些相同类型的特殊点，如用临时捕捉方式时需频繁地单击对应的按钮或输入对应的命令，比较费时。为此，Auto-CAD 提供了自动捕捉模式。该模式可设置多种特征点，启用后系统会始终自动捕捉这些特征点，直至关闭自动捕捉模式。

自动捕捉操作

1. 自动捕捉模式的启用

1）状态栏。单击"对象捕捉"按钮 ⊡。

2）键盘。按功能键 <F3>。

2. 自动捕捉设置

在默认情况下，使用自动捕捉模式只能捕捉现有图形的端点、圆心和交点。如果还需要捕捉图形对象的其他特征点，则需要对其进行设置。

右击状态栏中的"对象捕捉"按钮 ⊡ 或单击该按钮右侧三角按钮 ▾，系统将弹出如图 2-16 所示的设置菜单，可直接从该设置菜单中选择或取消某个捕捉命令。

用户也可在如图 2-16 所示的设置菜单中单击"对象捕捉设置"命令，或单击"对象捕捉"工具栏中的"对象捕捉设置"按钮 ⋒，或在命令行输入"OSNAP"并按 <Enter> 键，然后在打开的"草图设置"对话框中的"对象捕捉"选项卡内设置捕捉模式，如图 2-17 所示。

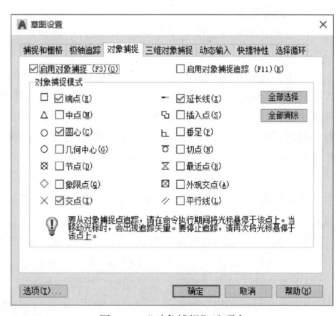

图 2-16 状态栏"对象捕捉"设置菜单　　　　图 2-17 "对象捕捉"选项卡

**【技巧】关于对象捕捉操作**

1）绘制平面图形时，常将"端点""交点"和"延长线"这些常用的捕捉功能设为自动捕捉，但不宜过多，因为设置为捕捉特征点过多，会影响点的捕捉效率。例如：在绘图中遇到一些不常用的捕捉功能时，一般不采用自动捕捉，建议采用临时捕捉。

2）在设有多个特征点的自动捕捉中，"切点"捕捉一般是捕捉不了的，除非取消其他特征点的捕捉设置，只设置"切点"捕捉，此时才能自动捕捉到"切点"。但这种做法非常不便，建议采用临时捕捉。

# 任务三  绘制曲板平面图形

平面图形是由若干段直线和曲线根据给定的尺寸关系连接而成的。要想利用 AutoCAD 快速准确地绘制出图形，必须对图形的尺寸和线段的性质进行分析，再根据尺寸依次画出已知线段、中间线段和连接线段。本任务是绘制如图 2-18 所示的曲板平面图形。

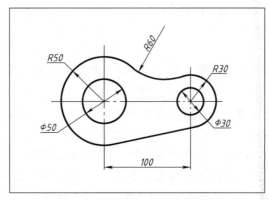

图 2-18  曲板平面图形

**一、绘图准备**

本任务绘图准备工作主要有新建图形文件、创建矩形框和图层。

1. 新建图形文件

单击快速访问工具栏→"新建"按钮，在弹出的"选择样板"对话框中选择"acadiso"图形样板，单击"打开"按钮，即可创建一个空白的图形文件。单击快速访问工具栏→"保存"按钮，在弹出的"图形另存为"对话框中输入文件名"曲板平面图形"，单击"保存"按钮，完成文件的命名。

绘制曲板
平面图形

2. 创建矩形框

矩形框的创建采用"矩形"命令操作。"矩形"命令为新命令，启用该命令主要有以下几种方式：

1）功能区。单击功能区"默认"选项卡→"绘图"面板→"矩形"按钮。

2）工具栏。单击"绘图"工具栏→"矩形"按钮。

3）菜单栏。单击"绘图"菜单栏→"矩形"命令。

4）命令行。在命令行输入"RECTANG"并按 <Enter> 键。

启用"矩形"命令后，按命令行提示做如下操作：

RECTANG 指定第一个角点或 [ 倒角（C）/标高（E）/圆角（F）/厚度（T）/宽度（W）]：0，0✓（输入矩形左下角点的坐标）

RECTANG 指定另一个角点或 [ 面积（A）/尺寸（D）/旋转（R）]：297，210✓（输入矩形右上角点的坐标）

至此，一个长 297mm、高 210mm 的矩形框创建完毕。

**提示**

　　1）通常，绘图需要确定图纸的大小，以便绘出规范的图样来。而图纸的幅面大小是有规定的，用户绘图不能超出图纸的大小。这里只绘制了一个简单的矩形框，其尺寸与 A4 图纸（横向）大小相同。图框及标题栏等内容将在后面的任务中讲解。

　　2）绘制好的矩形框可能在屏幕上显示得很小或者不显示。所以，绘制好矩形框后，通常需要在屏幕上双击鼠标中键（滚轮），将绘制好的矩形框最大化地显示在绘图窗口中。

**3. 创建图层**

　　单击"图层"工具栏→"图层特性管理器"按钮绾，启用图层设置命令（参见本单元任务一中的做法），完成对图层选项的设置，创建结果与图 2-10 所示一致。

**二、绘制图形**

**1. 绘制中心线 AB 和 CD。**

　　1）将"细点画线"层设为当前图层。

　　2）按下 <F8> 键，打开正交开关，此时状态栏"正交"按钮将呈蓝色高亮显示。

　　3）单击"绘图"工具栏上的直线按钮 ⟋，并根据第一单元中正交模式的使用说明，在矩形框中绘出水平中心线 AB 和竖直中心线 CD，如图 2-19a 所示。

　　4）按下 <F8> 键，关闭正交模式。这一步操作主要是防止后续操作受到正交模式的影响。

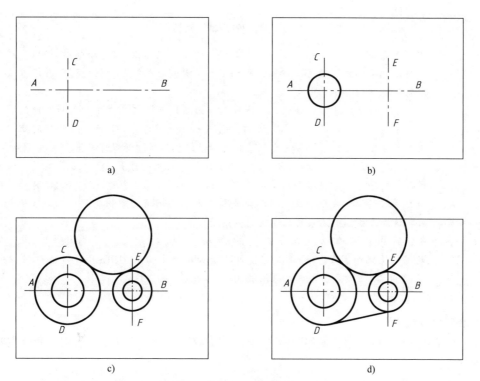

图 2-19　曲板平面图形绘制过程

## 【拓展】非连续性线型的规范性调节

非连续性线型（如虚线、点画线及双点画线等）主要由长画、短画及间隔等元素组成，机械制图中对这些元素有明确的要求。要让 CAD 图样中的线型符合机械制图要求，往往需要对其进行调节。调节非连续线型，主要是通过设置线型比例因子来实现的。

单击功能区"默认"选项卡→"特性"面板→"线型"按钮 右侧选择框→"线型设置"命令，或单击"格式"菜单栏→"线型"命令，或在命令行输入"LINETYPE"（快捷命令"LT"）。打开"线型管理器"对话框，如图 2-20 所示。单击图 2-20a 右上方"显示细节"按钮，对话框的下部将出现"详细信息"选项组，如图 2-20b 所示，在该选项组中可以设置线型比例因子。

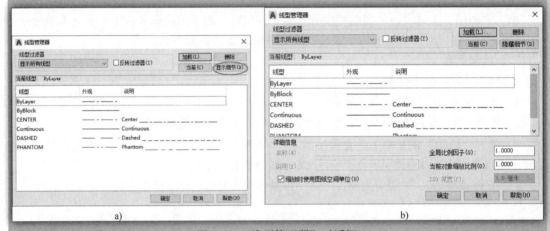

a) b)

图 2-20　"线型管理器"对话框

在"详细信息"选项组的"全局比例因子"文本框中输入新的比例值，然后单击对话框下部的"确定"按钮，则图中已绘制的、后续绘制的所有非连续性线型对象的外观形态均会发生改变。

在"详细信息"选项组的"当前对象缩放比例"文本框中输入新的比例值，然后单击对话框下部的"确定"按钮，则图中已绘制的所有非连续性线型对象的外观形态不会发生改变，但后续绘制的非连续性线型对象的外观形态将发生改变。

"全局比例因子"和"当前对象缩放比例"可同时设置。但需注意的是，设置前已绘制好的非连续性线型对象的外观形态仅与"全局比例因子"比例值有关，后续绘制的非连续性线型对象的外观形态将与两者比例值的乘积有关。比例值越大，组成非连续性线型中的画的长度及间隔就越大。

用户也可以通过在命令行中输入"LTSCALE"（快捷命令"LTS"）来设置"全局比例因子"的数值，或通过在命令行中输入"CELTSCALE"（快捷命令"CELTS"）来设置"当前对象缩放比例"数值。

2. 绘制中心线 *EF*

绘制中心线 *EF* 可以采用"偏移"命令操作。"偏移"命令为新命令，启用该命令主要有以下几种方式：

1）功能区。单击功能区"默认"选项卡→"修改"面板→"偏移"按钮 。

2）工具栏。单击"修改"工具栏→"偏移"按钮 ⟜。

3）菜单栏。单击"修改"菜单栏→"偏移"命令。

4）命令行。在命令行输入"OFFSET"并按 <Enter> 键。

启用"偏移"命令后，按命令行提示做如下操作：

OFFSET 指定偏移距离或 [通过（T）/删除（E）/图层（L）] <通过> 100 ✓

OFFSET 选择要偏移的对象，或 [退出（E）放弃（U）] <退出>：选择线段 CD

OFFSET 指定要偏移的那一侧上的点，或 [退出（E）多个（M）放弃（U）] <退出>：在

线段 CD 右侧位置处单击（此时偏移出线段 EF，如图 2-19b 所示）

OFFSET 选择要偏移的对象，或 [退出（E）/放弃（U）] <退出>：✓（结束"偏移"操作）

3. 绘制圆及圆弧

根据平面图形分析，先绘制已知圆（弧）$\phi$50mm、R50mm、$\phi$30mm、R30mm，接着再绘
制 R60mm 的连接圆弧。由于所有圆（弧）都为粗实线，先将"粗实线"层设为当前图层，然
后再开始绘制。

（1）启用"圆"命令　AutoCAD 中的圆及圆弧的绘制通常采用"圆"命令，一般只有在已
知圆弧的端点情况下才有可能采用"圆弧"命令操作。"圆"命令为新命令，启用该命令主要有
以下几种方式：

1）功能区。单击功能区"默认"选项卡→"绘图"面板→"圆"按钮 ⊙。

2）工具栏。单击"绘图"工具栏→"圆"按钮 ⊙。

3）菜单栏。单击"绘图"菜单栏→"圆"命令。

4）命令行。在命令行输入"CIRCLE"并按 <Enter> 键。

（2）打开"自动捕捉"模式　由于圆（弧）$\phi$50mm、R50mm、$\phi$30mm 和 R30mm 的圆心
位置已知，其圆心都在中心线的交点上，因此，如要绘出这些圆（弧），首先要精确捕捉这些交点，
通常采用"自动捕捉"模式，即单击状态栏"对象捕捉"按钮 ☐，当该按钮呈蓝色高亮显示时
表示捕捉状态开启。用户可以按本单元任务二的方法对捕捉点进行设置，这里采用默认设置。

**提示**

　　"自动捕捉"模式可以在命令操作前打开，也可以在命令操作过程中打开。由于
捕捉操作是经常性的，所以"自动捕捉"模式打开后一般是不用关闭的，除非出现
因捕捉干扰到其他操作时才会临时关闭一下。

（3）绘制已知圆（弧）　启用"圆"命令后，按命令行提示做如下操作：

CIRCLE 指定圆的圆心或 [三点（3P）/两点（2P）/相切、相切、半径（T）]：捕捉 AB
与 CD 的交点（作为 $\phi$50mm 圆的圆心）

CIRCLE 指定圆的半径或 [直径（D）] <10.0000>：25 ✓（输入 $\phi$50mm 圆的半径值，这
是默认输入，如果要输入直径值，应先输入"D"，然后按<Enter> 键或直接用鼠标选择 [直径（D）]
选项后再输入直径值，绘制结果如图 2-19b 所示）

键入命令 ✓（按 <Enter> 键表示重复"圆"命令，也可按 <Space> 键）

CIRCLE 指定圆的圆心或 [三点（3P）/两点（2P）/相切、相切、半径（T）]：捕捉 AB 与
CD 的交点（作为 R50mm 圆的圆心）

CIRCLE 指定圆的半径或 [ 直径（D）] <25.0000>：50 ↙ （输入 R50mm 圆的半径值）

键入命令：↙ （继续重复"圆"命令）

CIRCLE 指定圆的圆心或 [ 三点（3P）/ 两点（2P）/ 相切、相切、半径（T）]：捕捉 AB 与 EF 的交点（作为 φ30mm 圆的圆心）

CIRCLE 指定圆的半径或 [ 直径（D）] <50.0000>：15 ↙ （输入 φ30mm 圆的半径值）

键入命令：↙ （继续重复"圆"命令）

CIRCLE 指定圆的圆心或 [ 三点（3P）/ 两点（2P）/ 相切、相切、半径（T）]：捕捉 AB 与 EF 的交点（作为 R30mm 圆的圆心）

CIRCLE 指定圆的半径或 [ 直径（D）]：30 ↙ （输入 R30mm 圆的半径值）

至此，所有已知圆（弧）绘制完毕。

（4）绘制连接圆弧 由于 R60mm 的连接圆弧的圆心位置未知，故不能采用通过"圆心"的方式画圆。该圆弧绘制的条件是"与两圆相切并已知其半径"，所以应采用"相切、相切、半径"方式画圆，其操作如下：

键入命令：↙ （继续重复"圆"命令）

CIRCLE 指定圆的圆心或 [ 三点（3P）/ 两点（2P）/ 相切、相切、半径（T）]：t ↙ （选择"相切、相切、半径"方式画圆，也可直接选择方括号中的"相切、相切、半径"选项）

CIRCLE 指定对象与圆的第一个切点：选择 R50mm 右上方的圆弧（注意：选择处应尽量靠近实际切点处）

CIRCLE 指定对象与圆的第二个切点：选择 R30mm 左上方的圆弧

CIRCLE 指定圆的半径 <15.0000>：60 ↙ （输入 R60mm 圆的半径值，绘制结果如图 2-19c 所示）

**4. 绘制两圆的公切线**

单击"绘图"工具栏上的直线命令按钮 ，按命令行提示进行如下操作：

LINE 指定第一个点：单击"对象捕捉"工具栏上按钮 ，移动光标至 R50mm 圆的下方单击（作为公切线的第一点。注意：选择处应尽量靠近实际切点处）

LINE 指定下一点或 [ 放弃（U）]：单击"对象捕捉"工具栏上按钮 ，移动光标至 R30mm 圆的下方单击（作为公切线的第二点）

LINE 指定下一点或 [ 闭合（C）/ 放弃（U）]：↙ （结束"直线"操作）

一条与 R50mm 及 R30mm 相切的公切线绘制完成，结果如图 2-19d 所示。

**三、整理图形并保存**

**1. 修剪图线**

由于前面 R30mm、R50mm 和 R60mm 的圆弧是用整圆绘出的，所以必须要把当中的无关部分去除，此时需要用到"修剪"命令。"修剪"命令为新命令，启用该命令主要有以下几种方式：

1）功能区。单击功能区"默认"选项卡→"修改"面板→"修剪"按钮 。

2）工具栏。单击"修改"工具栏→"修剪"按钮 。

3）菜单栏。单击"修改"菜单栏→"修剪"命令。

4）命令行。在命令行输入"TRIM"并按 <Enter> 键。

启用"修剪"命令后，按命令行提示做如下操作：

TRIM 选择对象或 <全部选择>：选择 R50mm 圆（作为其修剪边界）

`TRIM 选择对象：`选择 R30mm 的圆（作为其修剪边界）

`TRIM 选择对象：`✓（结束边界选择）

`选择要修剪的对象或按住 Shift 键选择要延伸的对象，或`

`TRIM [ 栏选（F）/ 窗交（C）/ 投影（P）/ 边（E）/ 删除（R）]：`在 R60mm 圆上要去除的弧段单击

`TRIM [ 栏选（F）/ 窗交（C）/ 投影（P）/ 边（E）/ 删除（R）/ 放弃（U）]：`✓（结束"修剪"操作）

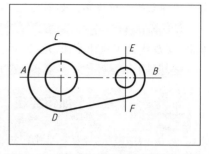

图 2-21 曲板平面图形的"修剪"操作

操作后的结果是 R60mm 圆周上方的部分圆弧被修剪掉。用同样的方法并选取 R60mm 的圆弧及相切直线作为修剪边界，可修剪掉 R30mm 圆周及 R50mm 圆周上的多余部分圆弧，如图 2-21 所示。

## 【技巧】关于"修剪"操作

进行"修剪"操作时，初学者对"修剪边界"的选择可能会存在困惑。可以不考虑"修剪边界"的问题，把全部图形对象当作"修剪边界"，此时系统执行一次"修剪"命令就可将图形中需要修剪的多个对象修剪完成，可大大提高修剪效率。

启用"修剪"命令后，按命令提示做如下操作：

`TRIM 选择对象或 < 全部选择 >：`✓（直接按 <Enter> 键则执行 < > 中的内容，即全部图形对象作为其修剪边界）

`选择要修剪的对象或按住 Shift 键选择要延伸的对象，或`

`TRIM [ 栏选（F）/ 窗交（C）/ 投影（P）/ 边（E）/ 删除（R）]：`选择要去除的部分

`TRIM [ 栏选（F）/ 窗交（C）/ 投影（P）/ 边（E）/ 删除（R）/ 放弃（U）]：`继续选择要去除的部分（重复该选择操作，直至所有需修剪的部分全部选择完成）

2. 调整细点画线的长度

机械制图要求细点画线的两端应超出轮廓线 3~5mm，图 2-21 所示的细点画线的长度显然不符合要求，需要进行调整操作。

（1）延长图线操作 图 2-21 所示的 CD 点画线没有超出轮廓线，首先需要采用"延伸"命令将其延长。"延伸"命令为新命令，启用该命令主要有以下几种方式：

1）功能区。单击功能区"默认"选项卡→"修改"面板→"延伸"按钮 ⤏。注意：功能区中的"延伸"和"修剪"按钮默认只显示一个，单击其右侧三角按钮后可选择所需的按钮。

2）工具栏。单击"修改"工具栏→"延伸"按钮 ⤏。

3）菜单栏。单击"修改"菜单栏→"延伸"命令。

4）命令行。在命令行输入"EXTEND"并按 <Enter> 键。

启用"延伸"命令后，按命令提示做如下操作：

`EXTEND 选择对象或 < 全部选择 >：`鼠标左键拾取矩形框（用作延伸边界，用户也可直接按 <Enter> 键将所有对象当作延伸边界）

EXTEND 选择对象：✓（结束延伸边界的选择）

选择要延伸的对象，或按住 Shift 键选择要修剪的对象，或

EXTEND [栏选（F）/窗交（C）/投影（P）/边（E）]：在 CD 线靠近 C 点处单击（CD 线向上延伸至矩形框边界，如图 2-22 所示）

EXTEND [栏选（F）/窗交（C）/投影（P）/边（E）/放弃（U）]：在 CD 线靠近 D 点处单击（CD 线向下延伸至矩形框边界，如图 2-22 所示）

EXTEND [栏选（F）/窗交（C）/投影（P）/边（E）/放弃（U）]：✓（结束"延伸"操作）

 **【技巧】如何实现"延伸"和"修剪"命令功能互换**

　　"延伸"命令操作和"修剪"命令操作非常相似，系统提供了在"延伸"命令中实现"修剪"功能，而在"修剪"命令中又可实现延伸功能，所以在功能区中这两个命令属于一组，其操作按钮是放在一起的。

　　启用"延伸"命令后，选择好延伸边界后按 <Enter> 键，命令行提示为"选择要延伸的对象，或按住 Shift 键选择要修剪的对象，或 EXTEND[栏选（F）/窗交（C）/投影（P）/边（E）]"。此时按住 <Shift> 键选择要修剪的对象即可实现"修剪"操作。

　　同样，启用"修剪"命令后，选择好修剪边界后按 <Enter> 键，命令行提示为"选择要修剪的对象或按住 Shift 键选择要延伸的对象，或 TRIM [栏选（F）/窗交（C）/投影（P）/边（E）/删除（R）]"。此时按住 <Shift> 键选择要延伸的对象的端部即可实现"延伸"操作。

　　（2）打断图线操作　图 2-22 所示的 CD 点画线经"延伸"操作后其超出轮廓线过长，需要采用"打断"命令将其缩短。"打断"命令为新命令，启用该命令主要有以下几种方式：

　　1）功能区。单击功能区"默认"选项卡→"修改"面板→"打断"按钮 凸。

　　2）工具栏。单击"修改"工具栏→"打断"按钮 凸。

　　3）菜单栏。单击"修改"菜单栏→"打断"命令。

　　4）命令行。在命令行输入"BREAK"并按 <Enter> 键。

启用"打断"命令后，按命令行提示做如下操作：

BREAK 选择对象：在点画线 CD 靠 C 点附近合适位置单击（用于选择要打断的对象，同时也将单击位置作为第一打断点）

BREAK 指定第二个打断点或 [第一点（F）]：在超出 CD 线上端位置处单击（CD 线被缩短）

重复使用"打断"命令，完成图线的所有打断操作，结果如图 2-23 所示。

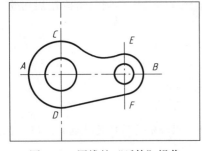

图 2-22　图线的"延伸"操作

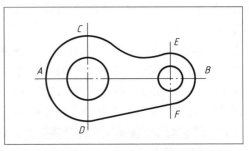

图 2-23　图线的"打断"操作

**提示**

　　对于圆、矩形等封闭图形，使用"打断"命令时，如图2-24所示，如果第一断点为A，第二断点为B，则AutoCAD将沿逆时针方向把第一断点到第二断点之间的部分删除。

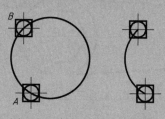

图2-24　封闭图形的"打断"

3. 调整图形位置

　　图2-23所示绘制的图形不在矩形框的中央，图形偏于左侧，为了达到图形美观的效果，需采用"移动"命令将图形位置调整好。"移动"命令为新命令，启用该命令主要有以下几种方式：

　　1）功能区。单击功能区"默认"选项卡→"修改"面板→"移动"按钮✛。

　　2）工具栏。单击"修改"工具栏→"移动"按钮✛。

　　3）菜单栏。单击"修改"菜单栏→"移动"命令。

　　4）命令行。在命令行输入"MOVE"并按<Enter>键。

　　启用"移动"命令后，按命令提示做如下操作：

　　MOVE选择对象："窗选"或"窗交"方式选取除矩形框外的所有图形（作为被移动的对象）

　　MOVE选择对象：✓（结束对象选择）

　　MOVE指定基点或[位移（D）]<位移>：在屏幕上拾取一点（这一点可任意，也可拾取图形中的特征点）

　　MOVE指定第二点或[使用第一点作为位移]：在矩形框合适位置单击（作为第二拾取点，第一、第二拾取点之间距离和方向就是图形移动的距离和方向）

　　图形经过"移动"操作，所绘制的曲板平面图形被移动到矩形框中央附近，如图2-18所示。

4. 保存

　　单击快速访问工具栏→"保存"按钮▣，保存好图形，完成曲板平面图形的绘制。

# 任务四　绘制连接板平面图形

本任务将绘制如图2-25所示的连接板平面图形。

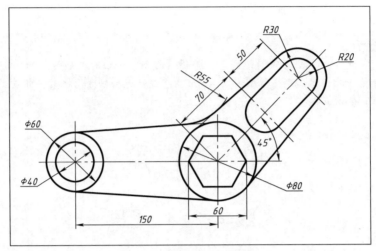

图 2-25　连接板平面图形

**一、绘图准备**

绘图准备工作可以参考本单元任务三。为提高效率，可以单击快速访问工具栏→"打开"按钮，打开已绘制好的"曲板平面图形"，然后采用"删除"命令删除已绘制的曲板平面图形。启用该命令主要有以下几种方式：

1）功能区。单击功能区"默认"选项卡→"修改"面板→"删除"按钮

绘制连接板
平面图形

2）工具栏。单击"修改"工具栏→"删除"按钮 。

3）菜单栏。单击"修改"菜单栏→"删除"命令。

4）命令行。在命令行输入"ERASE"并按 <Enter> 键。

启用"删除"命令后，按命令行提示做如下操作：

ERASE 选择对象：**"窗选"或"窗交"方式选取除矩形框外的所有图形（作为删除对象）**

ERASE 选择对象：**✓（结束对象选择，完成"删除"操作）**

"删除"操作完成后，单击快速访问工具栏→"另存为"按钮 ，弹出"图形另存为"对话框，在"文件名"文本框中输入新的文件名"连接板平面图形"，然后单击"保存"按钮，新文件将继承原文件中的矩形框和图层信息。

**二、绘制图形**

1. 绘制水平、竖直及 45° 中心线

1）将"细点画线"层设为当前图层。

2）单击状态栏上的"极轴追踪"按钮 ，当按钮呈蓝色高亮显示表示"极轴追踪"状态开启，并根据第一单元中关于"极轴追踪"设置的说明，将增量角设为 45°。

3）根据第一单元中"极轴追踪"模式的使用说明，首先用"直线"命令绘制水平线 *AB* 和竖直线 *CD*。

4）利用"偏移"命令画出 *EF* 线，偏移距离为 150mm（过程略，如图 2-26a 所示）。

5）启用"直线"命令和"自动捕捉"模式，选择 *AB* 和 *EF* 的交点 *O* 为起点，利用"极轴追踪"模式画出 45° 方向线 *OP*，如图 2-26b 所示。

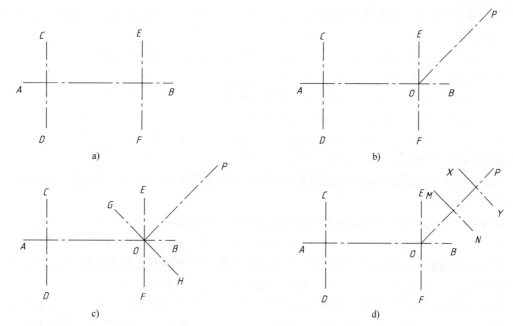

图 2-26　连接板平面图形中心线绘制

2. 绘制其余中心线

（1）通过"旋转"操作绘出辅助线 GH　这里采用"旋转"命令创建一条与 OP 线垂直并通过 O 点的直线 GH。"旋转"命令为新命令，启用该命令主要有以下几种方式：

1）功能区。单击功能区"默认"选项卡→"修改"面板→"旋转"按钮 ↻。

2）工具栏。单击"修改"工具栏→"旋转"按钮 ↻。

3）菜单栏。单击"修改"菜单栏→"旋转"命令。

4）命令行。在命令行输入"ROTATE"并按 <Enter> 键。

启用"旋转"命令后，按命令行提示做如下操作：

ROTATE 选择对象：选择 EF（作为被旋转的对象）

ROTATE 选择对象：↙（结束对象选择）

ROTATE 指定基点：选择交点 O（作为旋转中心）

ROTATE 指定旋转角度，或 [ 复制（C）参照（R）] <0>：C ↙（目的是保留原对象 EF，复制一个新对象进行旋转）

ROTATE 指定旋转角度，或 [ 复制（C）参照（R）] <0>：45 ↙（将复制的对象逆时针旋转 45°）

通过上述操作，图中将增加出一条点画线 GH，如图 2-26c 所示。

**提示**

　　上述"旋转"操作是复合操作，它既有"旋转"功能又有"复制"功能。如需对某对象直接进行旋转操作，在确定了旋转中心后直接输入旋转角度即可。注意：输入的角度值为正值时，将沿逆时针旋转；输入的角度值为负值时，将沿顺时针旋转。

（2）通过"复制"操作绘出中心线 *MN* 和 *XY*　"复制"命令为新命令，启用该命令主要有以下几种方式：

1）功能区。单击功能区"默认"选项卡→"修改"面板→"复制"按钮 。

2）工具栏。单击"修改"工具栏→"复制"按钮 。

3）菜单栏。单击"修改"菜单栏→"复制"命令。

4）命令行。在命令行输入"COPY"并按 <Enter> 键。

启用"复制"命令后，按命令行提示做如下操作：

COPY 选择对象：选择 *GH*（作为被复制的对象）

COPY 指定基点或 [ 位移（D）/模式（O）] <位移>：拾取交点 *O*（作为复制出的对象位置移动的参照点）

COPY 指定第二个点或 [ 阵列（A）] <使用第一个点作为位移>：移动光标使其在 45° 极轴追踪线上，此时输入 70 ↙（获得相对基点的另一点，此时生成中心线 *MN*）

COPY 指定第二个点或 [ 阵列（A）/退出（E）/放弃（U）] <退出>：保持光标在 45° 极轴追踪线上，再输入 120 ↙（重复获得相对基点的另一点，此时生成中心线 *XY*）

COPY 指定第二个点或 [ 阵列（A）/退出（E）/放弃（U）] <退出>：↙（结束"复制"操作）

通过上述操作，图中将增加出两条点画线 *MN* 和 *XY*，再利用"删除"命令删除直线 *GH*，结果如图 2-26d 所示。

**提示**

　　在上述"复制"操作中，复制出的对象其位置是通过基点和第二点之间的距离和方向来确定的，这一点与对象"移动"操作类似。

3. 绘制已知圆（弧）

将"粗实线"层置为当前图层，利用"圆"命令，分别画出直径为 $\phi 40$mm、$\phi 60$mm 和 $\phi 80$mm 的圆。再利用"直线"命令画出右上角两个 *R*20mm（直径为 $\phi 40$mm）圆的公切线。

4. 绘制正六边形

正六边形的绘制采用"多边形"命令绘制比较方便。"多边形"命令为新命令，启用该命令主要有以下几种方式：

1）功能区。单击功能区"默认"选项卡→"修改"面板→"多边形"按钮 。注意：功能区中的"矩形"和"多边形"按钮默认只显示一个，单击其按钮右侧的三角按钮后选择所需的按钮。

2）工具栏。单击"修改"工具栏→"多边形"按钮 。

3）菜单栏。单击"修改"菜单栏→"多边形"命令。

4）命令行。在命令行输入"POLYGON"并按 <Enter> 键。

启用"多边形"命令后，按命令行提示做如下操作：

POLYGON 输入侧面数 <4>：6 ↙（输入正多边形的边数）

POLYGON 指定正多边形的中心点或 [ 边（E）]：拾取 *AB* 与 *EF* 的交点 *O*（作为正六边形的中心点）

POLYGON 输入选项 [ 内接于圆（I）/ 外切于圆（C）] <I>：↙（直接按 <Enter> 键执行

&lt;&gt; 中的内容，即内接于圆方式）

POLYGON 指定圆的半径：30 ✓（绘出正六边形，如图 2-27a 所示）

5. 画出其余部分结构

1）利用"直线"命令并结合"对象捕捉"工具栏中的"捕捉到切点"按钮可以画出各条切线（图 2-27b）。

2）利用"圆"中的"相切、相切、半径"选项画出半径为 55mm 的圆，如图 2-27b 所示。

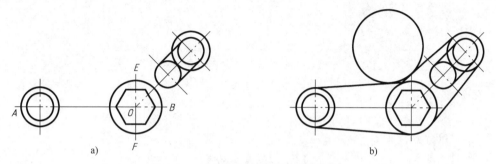

图 2-27 连接板平面图形轮廓线绘制

 **【拓展】"矩形""多边形"命令与"分解"命令的联系**

在功能区中，"矩形"和"多边形"按钮是放在一组的，因为"矩形"和"多边形"命令有共同的特点，即它们创建的对象都是由多个线段组成的。对于这种对象，用户不能直接对其中的单一线段进行编辑，如更改线型、颜色及长度等。如要实现对其中的单一线段进行编辑，就必须采用"分解"命令。

"分解"命令为新命令，启用该命令主要有以下几种方式：

1）功能区。单击功能区"默认"选项卡→"修改"面板→"分解"按钮 ⬚。

2）工具栏。单击"修改"工具栏→"分解"按钮 ⬚。

3）菜单栏。单击"修改"菜单栏→"分解"命令。

4）命令行。在命令行输入"EXPLODE"并按 &lt;Enter&gt; 键。

启用"分解"命令后，按命令提示做如下操作：

EXPLODE 选择对象：选择"矩形"或"多边形"对象

EXPLODE 选择对象：✓（结束对象选择）

通过上述操作，可将选中的"矩形"或"多边形"对象分解成一条条单一线段，这时就可对其中的线段进行编辑操作。

**三、整理图形并保存**

参考本单元任务三中的整理图形的做法，利用修剪、延伸、打断和移动等命令对图形进行整理，整理后结果如图 2-28 所示。单击快速访问工具栏→"保存"按钮，保存好图形，完成连接板平面图形的绘制。

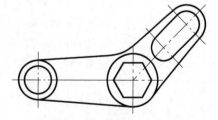

图 2-28 连接板平面图形整理

## 【拓展】关于"夹点"的编辑功能

在不执行任何命令的情况下选择对象，图形对象被选中后，图形上的关键点（如中点、端点和圆心等）处将变成实心的小方框，如图 2-29 所示，这些方框点被称为夹点。夹点是一种集成的编辑模式，用户可以基于夹点对图形进行拉伸、移动、旋转及镜像等操作。

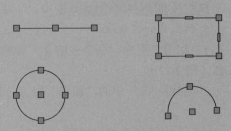

图 2-29　对象上的夹点

夹点有两种形式，一种是冷夹点，一种是热夹点。图形对象被选中后出现的蓝色夹点为冷夹点；冷夹点被再次单击选中后呈红色，为热夹点。热夹点为夹点的激活状态，只有当选中的图形中有热夹点时才能进行编辑操作。

对图形中不同夹点进行操作，其结果可能有所不同。例如：选中某直线后会出现三个蓝色夹点，如图 2-29 所示，再单击选中直线上的中间夹点使其变成热夹点，此时可以实现对该直线的移动操作；若选中直线中的某个端点上的蓝色夹点，移动该端点可以实现对该直线的延长或缩短操作。

如果需要在任一夹点被激活后都能实现移动（MOVE）、旋转（ROTATE）和缩放 SCALE 等操作，可以有以下几种方式：

1）直接按 <Enter> 键或 <Space> 键循环切换上述不同的操作模式。

2）输入命令的前两个字母（如 MO、RO 和 SC）来切换操作模式。

3）右击，从弹出的快捷菜单中选择一种夹点操作模式，如图 2-30 所示。

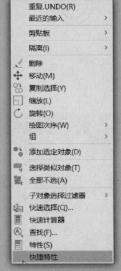

图 2-30　夹点快捷菜单

"夹点"操作既可以编辑单一对象，也可以编辑多个对象。此外，利用夹点的编辑功能还可以对图形对象进行一些复合操作。例如：选取如图 2-31a 所示的左侧大圆右侧的所有图形对象，则被选中的图形对象将显示冷夹点，再单击其中的某个夹点使其变成热夹点，按 <Space> 键两次或输入"RO"进入旋转模式，然后根据命令行的提示做如下操作：

\*\* 旋转（多重）\*\*

指定旋转角度或 [ 基点（B）/复制（C）/放弃（U）/参照（R）/退出（X）]：B↙（系统默认将选定的夹点作为基点，本例中由于选定的夹点与旋转中心不重合，所以需要重新指定基点）

指定基点：拾取如图 2-31a 所示的左侧大圆的圆心（选择新的基点）

指定旋转角度或 [ 基点（B）/复制（C）/放弃（U）/参照（R）/退出（X）]：C↙

指定旋转角度或 [ 基点（B）/复制（C）/放弃（U）/参照（R）/退出（X）]：150↙（输入旋转角度）

指定旋转角度或 [ 基点（B）/复制（C）/放弃（U）/参照（R）/退出（X）]：↙（结束"旋转"操作）

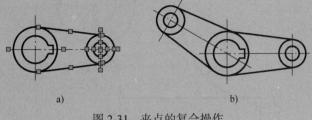

此时在大圆左上方将出现一个由"旋转"和"复制"操作获得的多个对象，按键盘上的 <Esc> 键，退出选择状态，结果如图 2-31b 所示。

图 2-31 夹点的复合操作

**【单元细语】绝活不是凭空得，功夫还得练出来**

　　焊接技术千变万化，为火箭发动机焊接就更不是一般人能胜任的了，高凤林就是一个为火箭焊接"心脏"的人。30 多年来，高凤林先后参与了北斗导航、嫦娥探月、载人航天等国家重点工程以及长征五号新一代运载火箭的研制工作，一次次攻克发动机喷管焊接技术世界级难关。高凤林先后荣获国家科技进步二等奖、全军科技进步二等奖等 20 多个奖项。绝活不是凭空得，功夫还得练出来。高凤林吃饭时拿筷子练送丝，喝水时端着盛满水的杯子练稳定性，休息时举着铁块练耐力，冒着高温观察铁水的流动规律等，没有这样的刻苦锻炼，是不会有这样的功夫的。

　　本单元平面图形的绘制是学好用好 CAD 软件的基础，平面图形的绘制操作是 CAD 绘图基本功。如果像上面的"大国工匠"高凤林同志一样刻苦练习，就一定能学好用好 CAD 软件，成为一名出色的工程技术人员。

# 练一练

1. 利用"图层"命令创建机械线型，绘制如图 2-32~ 图 2-34 所示的平面图形，图幅大小为 210mm×297mm（A4 图纸竖向）。

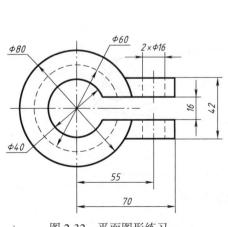

图 2-32 平面图形练习一

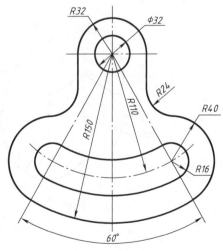

图 2-33 平面图形练习二

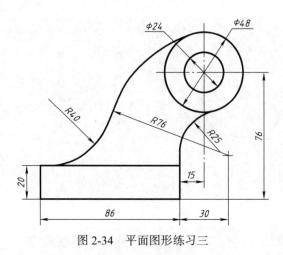

图 2-34　平面图形练习三

2. 绘制如图 2-35~ 图 2-37 所示的平面图形，图幅大小为 297mm × 210mm（A4 图纸横向）。

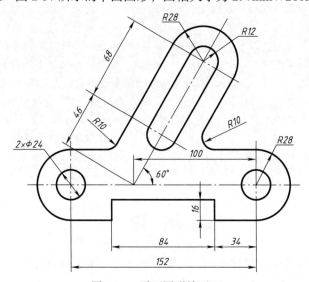

图 2-35　平面图形练习四

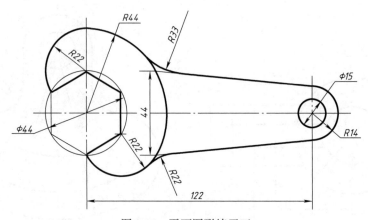

图 2-36　平面图形练习五

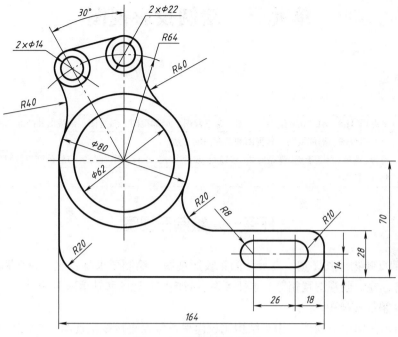

图 2-37　平面图形练习六

# 单元三　绘制投影视图

## 学习导航

| 学习目标 | 掌握用 AutoCAD 2020 绘制三视图、基本视图、局部视图、斜视图、剖视图和断面图的方法。 |
| --- | --- |
| 学习重点 | 绘制三视图、局部视图、斜视图和剖视图的方法。 |
| 相关命令 | 镜像、圆角、打断于点、样条曲线、多段线、文字样式、单行文字、图案填充、阵列以及对象捕捉追踪等。 |
| 建议课时 | 4～6 课时。 |

## 任务一　绘制三视图

三视图是反映物体长、宽、高尺寸的正投影视图，绘制要求是：主、俯视图长对正，主、左视图高平齐，左、俯视图宽相等。本任务将绘制垫块三视图和轴承座三视图。

### 一、绘制垫块三视图

图 3-1 所示为垫块三视图，由于结构比较简单，可以直接按主视图、左视图和俯视图的顺序来绘制。

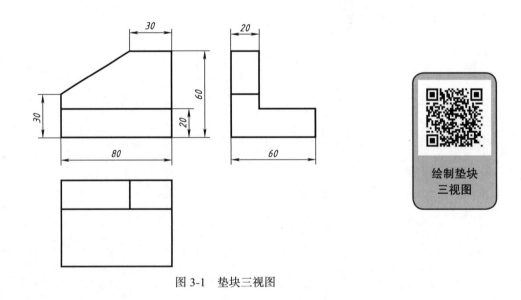

图 3-1　垫块三视图

1.绘图准备

绘图准备工作可以参考单元二中任务四的做法来完成，将文件命名为"垫块三视图"，图框大小为 297mm×210mm。

2.绘制基准线及辅助线

1）将 0 层设置为当前图层，打开状态栏上的"极轴追踪"按钮 ⊙，并将增量角设为 45°，再将状态栏上的"对象捕捉"按钮 □ 打开。

2）利用"直线"命令，画出如图 3-2 所示的十字线作为绘图的基准线。

3）继续利用"直线"命令，并捕捉十字线的交点 O 作为起点，绘出如图 3-2 所示的 45° 辅助线。

3.绘制主视图

1）将"粗实线"层设为当前图层，启用"直线"命令，在图中合适位置拾取一点作为起点 A，绘出主视图的外框线，其中线段 AB、BC、CD 和 DE 的尺寸分别为 30mm、80mm、60mm 和 30mm，如图 3-3 所示。

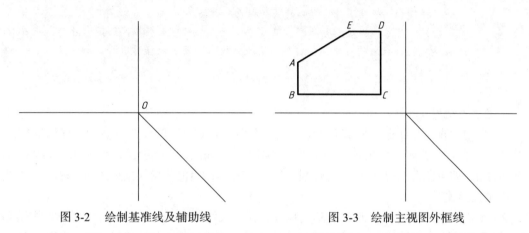

图 3-2　绘制基准线及辅助线　　　　　图 3-3　绘制主视图外框线

2）单击状态栏上的"对象捕捉追踪"按钮 ∠ 或按键盘上的 <F11> 键，启用"对象捕捉追踪"功能。

3）启用"直线"命令，将鼠标移动到主视图外框线的 C 点处，则 C 点处将出现端点的捕捉标记（注意不要单击）。此时竖直向上移动鼠标，当 C 点处出现一个绿色的"+"号时，表示此处是一个追踪起点，同时在 C 点至光标处出现一个绿色的虚线，该虚线即为追踪线，显示角度为 90°，如图 3-4 所示。输入距离 20mm 并按 <Enter> 键即可获得如图 3-5 所示的直线 MN 的第一点 M。

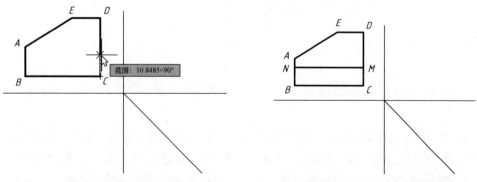

图 3-4　C 点的"对象捕捉追踪"操作　　　图 3-5　主视图内部轮廓线绘制

4）向左水平移动鼠标至轮廓线 AB 附近，此时极轴追踪线显示为 180°，当出现交点的捕捉标记时单击，完成主视图内部轮廓线 MN 的绘制，如图 3-5 所示，主视图绘制完毕。

**提示**

1）上述绘制主视图操作的第3）步包含"对象捕捉追踪"操作。它是通过对非本次所绘对象上的点（如图3-4所示的C点，该点被称为追踪点）进行追踪来获得本次所绘对象上的点（如图3-5所示的M点）。注意：要实现"对象捕捉追踪"功能，状态栏上"对象捕捉"按钮、"极轴追踪"按钮及"对象捕捉追踪"按钮必须同时打开。

2）上述绘制主视图操作的第4）步包含"极轴追踪"操作。它是通过对本次所绘对象上的已知点（如图3-5所示的M点，该点也被称为追踪点）进行追踪来获得本次所绘对象上的另一点（如图3-5所示的N点）。希望读者好好体会"对象捕捉追踪"操作和"极轴追踪"操作的区别和使用场合。

3）"对象捕捉追踪"操作非常重要，运用得好可大大提高绘图的效率，所以本次绘图能够采用"对象捕捉追踪"的地方就不采用其他操作进行讲解，以加深对该操作的理解。

**4. 绘制左视图**

1）启用"直线"命令，将鼠标移动到主视图中的C点处，当出现端点的捕捉标记时，水平向右移动鼠标，光标处将出现一条水平的追踪虚线，如图3-6所示，并在该追踪虚线的合适位置处单击，即可获得左视图底部直线的起点F。该操作的目的是确保主视图和左视图满足"高平齐"的投影关系。

2）由创建的F点开始水平向右移动鼠标，输入尺寸60mm并按<Enter>键，绘制出线段FG，如图3-7所示。移动鼠标至主视图中的M点处，当出现端点的捕捉标记时，水平向右移动鼠标直至出现两条绿色的追踪线，一条显示为0°，另一条显示为90°，如图3-7所示。此时单击完成线段GH的绘制。

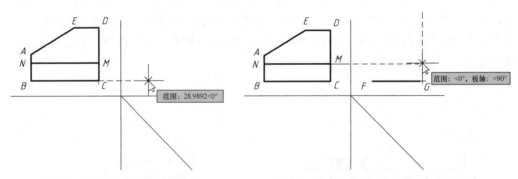

图3-6　追踪获得左视图起点F　　　　图3-7　绘制出线段FG并追踪获得H点

3）由H点向左水平移动鼠标，极轴追踪线显示为180°，输入尺寸"40"并按<Enter>键，绘出线段HI。移动鼠标至主视图中的D点处，当出现端点的捕捉标记时，水平向右移动鼠标直至出现两条绿色的追踪线，一条显示为0°，另一条显示为90°，单击则绘出线段IJ。

4）由J点移动鼠标至F点处，当出现端点的捕捉标记时，向上移动鼠标直至出现两条绿色的追踪线，一条显示为180°，另一条显示为90°，单击则绘出线段KJ，再输入"C"并按<Enter>键，K点和F点实现闭合，如图3-8所示。

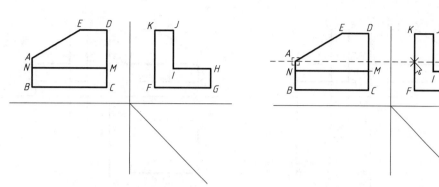

图 3-8 绘制左视图外框线          图 3-9 追踪获得左视图轮廓线点 P

5）启用"直线"命令，将鼠标移动到主视图中的 A 点处，将出现端点的捕捉标记，水平向右移动鼠标，光标处将出现一条水平的追踪虚线，继续水平移动光标至左视图中的轮廓线 KF 附近，当出现交点的捕捉标记时，如图 3-9 所示，单击则获得直线的起点 P。继续水平移动鼠标至轮廓线 IJ 附近，当再次出现交点的捕捉标记时，单击完成左视图内部轮廓线 PQ 的绘制，至此左视图绘制完毕，如图 3-10 所示。

5. 绘制俯视图

1）将 0 层设为当前图层，启用"直线"命令，单击左视图上的 F 点作为直线的起点，然后竖直向下移动鼠标至 45° 斜线附近，当出现交点的捕捉标记时单击，然后水平向左绘制出一段水平线，即可得到一组宽相等的辅助线。注意：水平线段不要超出竖直基准线。用同样的方法从 I 点及 G 点再绘制两组宽相等的辅助线，结果如图 3-11 所示。

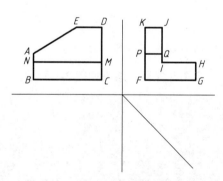

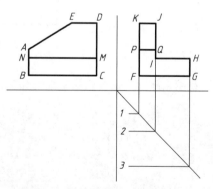

图 3-10 左视图内部轮廓线的绘制          图 3-11 绘制宽相等的辅助线

2）将"粗实线"层设为当前图层，启用"矩形"命令，利用前述的追踪方法将鼠标移动至主视图中的 B 点处，当出现端点的捕捉标记时竖直向下移动，则出现一条竖直追踪线，然后向右移动鼠标至辅助线中的 3 点处，当出现端点的捕捉标记时水平向左移动鼠标，则会出现一条水平追踪线，此时端点 B 及端点 3 处均有一个十字符号。注意：前面操作均不要单击。再将鼠标移至两条追踪线交汇处，则会出现一个交点符号，如图 3-12 所示。此时单击获得矩形左下角点 R，如图 3-13 所示。

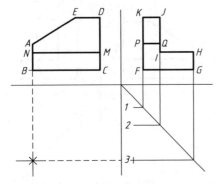
图 3-12 俯视图外框矩形左下角点的追踪

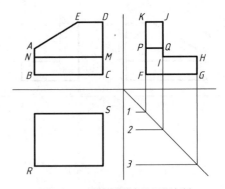
图 3-13 俯视图外框矩形绘制

3）参照上一步做法，可获得矩形右上角点 $S$，完成俯视图外框矩形的绘制，结果如图 3-13 所示。

4）启用"直线"命令，将鼠标移动至辅助线中的 2 点处，利用前述追踪方法绘出俯视图中的内部水平线 $XY$；再将鼠标移动至主视图中的 $E$ 点处，继续利用前述追踪方法绘出俯视图中的内部竖直线 $UV$，结果如图 3-14 所示。

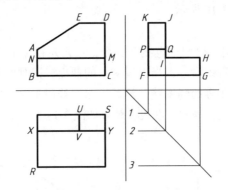
图 3-14 俯视图内部图形绘制

5）利用"删除"命令删除基准线和辅助线，完成全图并保存，结果如图 3-1 所示。

**【技巧】关于"对象捕捉追踪"操作总结**

"对象捕捉追踪"操作目的是获取图形绘制所需的点，由上面三视图的绘制可知，此操作获取点的方式主要有以下几种：

1）直接通过对某个非本次所绘对象上的点进行对象捕捉追踪，然后输入追踪距离来获得本次所绘对象上的点，如上述绘制主视图中的第 3）步操作。

2）先对本次所绘对象上的已知点进行"极轴追踪"操作获取一条追踪线，再通过对另一个非本次所绘对象上的点进行"对象捕捉追踪"操作获取另一条追踪线，单击这两条追踪线的交点，则获得本次所绘对象上的另一点，如上述绘制左视图中的第 2）步操作。

**二、绘制轴承座三视图**

图 3-15 所示为轴承座三视图，由于此轴承座结构相对复杂，应按形体分析的方法进行绘制，即按照结构逐步进行绘制。

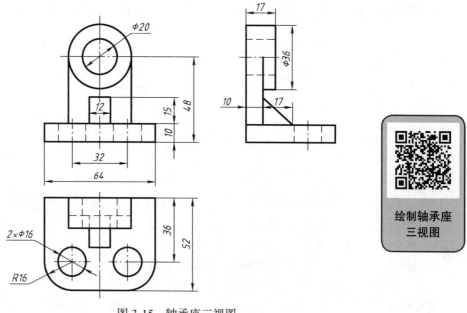

图 3-15　轴承座三视图

**1. 绘图准备**

绘图准备工作仍然参考单元二中任务四的做法来完成，将文件命名为"轴承座三视图"，图框大小为 297mm × 210mm。

**2. 绘制基准线及辅助线**

1）打开状态栏中的"对象捕捉"按钮、"极轴追踪"按钮及"对象捕捉追踪"按钮，启用"对象捕捉追踪"功能，并将增量角设为 45°。

**提示**

今后绘图如提到"对象捕捉追踪"操作，则表示状态栏中的"对象捕捉"按钮、"极轴追踪"按钮及"对象捕捉追踪"按钮已同时打开，无须对状态栏的操作进行说明。如果提到"极轴追踪"操作，则表示状态栏中的"极轴追踪"按钮已打开，此时也无须对状态栏操作进行说明。另外，如果提到捕捉某个特征点，则表示状态栏中的"对象捕捉"按钮已打开，也无须对状态栏的操作进行强调说明。

2）将"细点画线"层设为当前图层，利用"直线"命令绘出三个视图的作图基准线，如图 3-16 所示。

3）将 0 层设为当前图层，利用"直线"命令绘出 45° 辅助线，如图 3-16 所示。

**3. 绘制底板**

（1）绘制底板主视图左半侧外轮廓　将"粗实线"层设为当前图层，并启用"直线"命令，利用"对象捕捉追踪"操作，以主视图十字中心线的交点 O 为追踪点，然后垂直向下移动鼠标，当出现竖直绿色追踪线后输入距离"48"，即可获得直线的第一点 A，如图 3-17 所示。再利用"极轴追踪"方式绘出底板左半侧外轮廓，结果如图 3-17 所示。

（2）绘制底板主视图右半侧外轮廓　绘制底板主视图右半侧外轮廓可采用"镜像"操作绘制。"镜像"命令为新命令，启用该命令主要有以下几种方式：

1）功能区。单击功能区"默认"选项卡→"修改"面板→"镜像"按钮 ⚠。

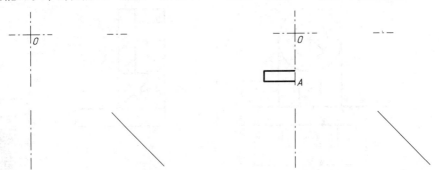

图3-16　绘制基准线及辅助线　　　图3-17　绘制底板主视图左半侧外轮廓

2）工具栏。单击"修改"工具栏→"镜像"按钮 ⚠。

3）菜单栏。单击"修改"菜单栏→"镜像"命令。

4）命令行。在命令行输入"MIRROR"并按 <Enter> 键。

启用"镜像"命令后，按命令行提示做如下操作：

选择对象："窗选"或"窗交"方式选取主视图左半侧外轮廓（作为镜像对象）

选择对象：✓（结束选择）

指定镜像线的第一点：捕捉 O 点（选择对称线上的任意一个特征点即可）

指定镜像线的第二点：捕捉 A 点（选择对称线上的任意另一个特征点即可）

要删除源对象吗？ [是（Y）/否（N）] <否>：✓（按 <Enter> 键将执行 "< >" 中的内容，表示镜像图形后仍保留原有的镜像对象）

通过"镜像"操作，完成了底板外形主视图的绘制，如图3-18所示。

（3）绘制底板外形左视图　启用"直线"命令，利用追踪方式绘制出底板外形左视图，如图3-19所示。

（4）绘制无圆角底板外形俯视图

1）将0层设为当前图层，绘出一组宽相等的辅助线，如图3-19所示。

2）将"粗实线"层设为当前图层，并启用"直线"命令，利用追踪方式绘制出无圆角底板外形俯视图，如图3-19所示。

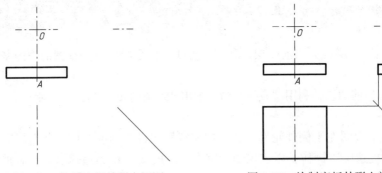

图3-18　绘制底板外形主视图　　　图3-19　绘制底板外形左视图、俯视图

（5）绘制底板外形俯视图圆角　底板外形俯视图的圆角可以采用"圆"命令中的"相切、相切、半径"方式来绘制，再采用"修剪"命令剪去多余部分，这种操作有点烦琐，采用"圆角"命令来绘制则较为方便。"圆角"命令为新命令，启用该命令主要有以下几种方式：

1）功能区。单击功能区"默认"选项卡→"修改"面板→"圆角"按钮。

2）工具栏。单击"修改"工具栏→"圆角"按钮。

3）菜单栏。单击"修改"菜单栏→"圆角"命令。

4）命令行。在命令行输入"FILLET"并按 <Enter> 键。

启用"圆角"命令后，按命令提示做如下操作：

命令：_fillet

当前设置：模式 = 修剪，半径 = 0.0000

选择第一个对象或 [ 放弃（U）/ 多段线（P）/ 半径（R）/ 修剪（T）/ 多个（M）]:R √（启动半径输入）

指定圆角半径 <0.0000>：16 √（输入圆角半径）

选择第一个对象或 [ 放弃（U）/ 多段线（P）/ 半径（R）/ 修剪（T）/ 多个（M）]：选择底板外形俯视图的左侧要圆角的水平边

选择第二个对象，或按住 Shift 键选择对象以应用角点或 [ 半径（R）]：选择底板外形俯视图的左侧要圆角的竖直边（生成底板外形俯视图左侧圆角，并结束命令）

键入命令：√（按 <Enter> 键表示重复执行"圆角"命令）

命令：_fillet

当前设置：模式 = 修剪，半径 = 16.0000（圆角半径已默认为"16"，无须设置半径值）

选择第一个对象或 [ 放弃（U）/ 多段线（P）/ 半径（R）/ 修剪（T）/ 多个（M）]：选择底板外形俯视图的右侧需圆角的水平边

选择第二个对象，或按住 Shift 键选择对象以应用角点或 [ 半径（R）]：选择底板外形俯视图的右侧需圆角的竖直边（生成底板外形俯视图右侧圆角，并结束命令）

底板外形经"圆角"命令操作后结果如图 3-20 所示。

（6）绘制底板上圆孔投影

1）由于俯视图中圆孔投影圆与圆角的圆心位置相同,可以直接利用"圆"命令中的"圆心、半径"方式绘制，通过捕捉左侧圆角的圆心来绘制出左侧 $\phi$16mm 圆，如图 3-21 所示。

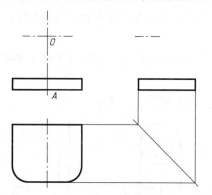
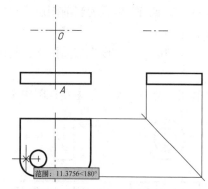

图 3-20　底板外形俯视图的"圆角"操作　　　　图 3-21　俯视图投影圆的绘制

2）将"细点画线"层设为当前图层，并启用"直线"命令，利用"对象捕捉追踪"方式，以绘制的 $\phi$16mm 圆的圆心为追踪点，水平向左移动鼠标至该圆左侧合适位置单击，如图 3-21 所示，然后水平向右移动鼠标至该圆右侧合适位置单击，则绘出圆的水平中心线。用同样的方法绘出圆的竖直中心线，结果如图 3-22 所示。

3）启用"直线"命令，利用"对象捕捉追踪"方式绘制出主视图左侧圆孔轴线。

4）将"细虚线"层设为当前图层，启用"直线"命令，利用"对象捕捉追踪"方式绘制出主视图左侧圆孔轮廓线投影，如图3-22所示。

5）采用"镜像"命令，将主、俯视图中的左侧圆孔投影镜像到右侧，如图3-23所示。

6）主视图上圆孔的投影可通过"复制"命令复制到左视图上，结果如图3-23所示。注意：复制对象为主视图右侧圆孔的投影，复制操作的基点为主视图底板投影的右下角点 *M*，"复制"操作的第二点则为左视图底板投影的右下角点 *N*。

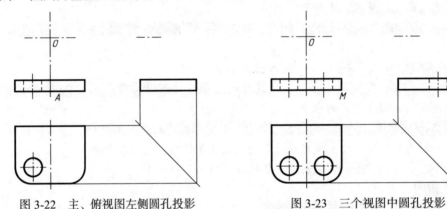

图3-22  主、俯视图左侧圆孔投影 　　　　 图3-23  三个视图中圆孔投影

**4.绘制圆筒**

1）将"粗实线"层设为当前图层，以 *O* 点为圆心，在主视图中绘制两个同心圆，半径分别为10mm和18mm，如图3-24所示。

2）启用"直线"命令，利用追踪方式分别在俯、左视图上绘制出圆筒外形投影，如图3-24所示。

3）将"细虚线"层设为当前图层，启用"直线"命令，利用追踪方式分别在俯、左视图上绘制出圆筒内孔投影，如图3-24所示。

**5.绘制后侧支撑板**

1）将"粗实线"层设为当前图层，利用"直线"命令及追踪方式绘制出后侧支撑板的主视图及左视图投影。

2）将"细虚线"层设为当前图层，利用"直线"命令及追踪方式绘制出后侧支撑板的俯视图投影。

3）利用"修剪"操作剪去左视图中多余的线段，结果如图3-25所示。

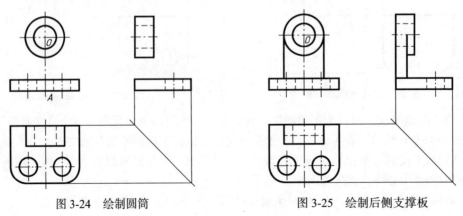

图3-24  绘制圆筒 　　　　　　 图3-25  绘制后侧支撑板

6. 绘制三角肋板

将"粗实线"层设为当前图层,利用"直线"命令及追踪方式绘出三角肋板在三个视图中的投影,如图 3-26 所示。由于采用"粗实线"层绘制,三角肋板在俯视图中的投影均为粗实线,但左右两侧边线被圆筒挡住的部分应为细虚线。因此应先将三角肋板左右两侧边线分别在 B、C 点处打断,B、C 点为左右两侧边线与圆筒投影的相交点,如图 3-26 所示。

若将某个对象沿某点处一分为二,需采用"打断于点"命令。"打断于点"命令为新命令,启用该命令主要有以下几种方式:

1)功能区。单击功能区"默认"选项卡→"修改"面板→"打断于点"按钮 □ 。

2)工具栏。单击"修改"工具栏→"打断于点"按钮 □ 。

3)菜单栏。单击"修改"菜单栏→"打断于点"命令。

启用"打断于点"命令后,按命令行提示做如下操作:

选择对象:选取俯视图中 B 点所在的竖直线(注意:不能按 <Enter> 键)

指定第一个打断点:拾取 B 点

指定第二个打断点:@

通过"打断于点"操作,三角肋板左侧投影在 B 点处被打断。用同样方法完成三角肋板右侧投影在 C 点处的打断。选中被圆筒遮挡的三角肋板投影部分,通过图层操作,将粗实线线型改成细虚线线型,结果如图 3-27 所示。

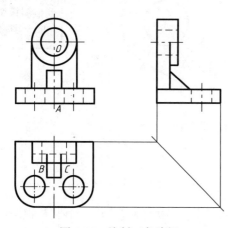

图 3-26 绘制三角肋板

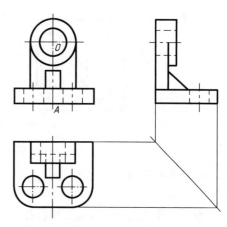

图 3-27 修改三角肋板俯视图的投影

**提示**

"打断于点"操作没有单独的英文命令,它和"打断"操作共用一个英文命令"BREAK"。用户可输入命令"BREAK"或采用其他方式启用"打断"操作,也可以实现将对象沿某点的"打断"操作。例如:在命令行提示为"指定打断第二点"情况下,此时不指定第二打断点,直接在命令行输入"@"并按 <Enter> 键,即可实现"打断于点"功能。

7.整理图形并保存

利用"删除"命令删除辅助线,存盘完成轴承座三视图的绘制。

# 任务二 绘制基本视图、局部视图及斜视图

在机件表达中除基本视图外,还有其他辅助视图,如局部视图和斜视图等。本任务将绘制如图 3-28 所示斜板机件的一组视图。该组视图共有三个视图,其中左上角的视图为基本视图,左下角的视图为局部视图,右下角的视图为斜视图。

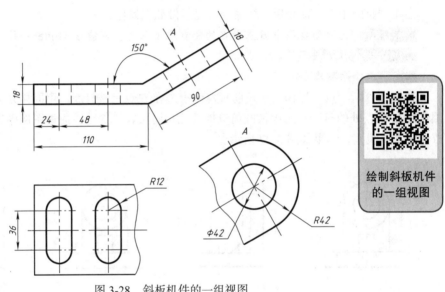

图 3-28 斜板机件的一组视图

绘制斜板机件的一组视图

**一、绘制基本视图**

1.绘图准备

绘图准备工作仍然参考单元二中任务四的做法来完成,将文件命名为"斜板机件视图",图框大小为 297mm × 210mm。

2.图形绘制

对某个机件来说,可以有六个基本视图,而三视图就是其中的三个,基本视图与三视图绘制方法相似。本任务所要绘制的斜板机件的基本视图是一个主视图,可利用"直线"命令和追踪方式来绘制。由于机件上存在倾斜结构,所以绘制时需将"极轴增量角"设为 30°,绘制结果如图 3-29 所示。

**二、绘制局部视图**

图 3-28 所示的局部视图位于俯视图的位置上,与上方的主视图存在"长对正"关系,需要采用"对象捕捉追踪"方式绘制。绘制时可先绘出外框线,再绘出底板左侧孔的投影,然后采用"复制"操作生成底板右侧孔的投影,如图 3-30 所示。

局部视图右侧的波浪线为机件的断裂线，该波浪线需采用"样条曲线"命令并用细实线绘制。"样条曲线"命令为新命令，启用该命令主要有以下几种方式：

1）功能区。单击功能区"默认"选项卡→"绘图"面板→"样条曲线"按钮 ∿。

2）工具栏。单击"绘图"工具栏→"样条曲线"按钮 ∿。

3）菜单栏。单击"绘图"菜单栏→"样条曲线"命令。

4）命令行。在命令行输入"SPLINE"并按 <Enter> 键。

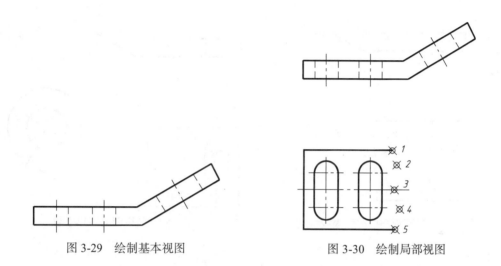

图 3-29　绘制基本视图　　　　　　图 3-30　绘制局部视图

启用"样条曲线"命令后，按命令行提示做如下操作：

当前设置：方式 = 拟合　节点 = 弦

指定第一个点或 [ 方式（M）/ 节点（K）/ 对象（O）]：拾取 1 点，如图 3-30 所示（样条曲线第一点，用端点方式捕捉）

输入下一个点或 [ 起点切向（T）/ 公差（L）]：拾取 2 点，如图 3-30 所示（样条曲线下一点）

输入下一个点或 [ 端点相切（T）/ 公差（L）/ 放弃（U）]：拾取 3 点，如图 3-30 所示（样条曲线下一点）

输入下一个点或 [ 端点相切（T）/ 公差（L）/ 放弃（U）/ 闭合（C）]：拾取 4 点，如图 3-30 所示（样条曲线下一点）

输入下一个点或 [ 端点相切（T）/ 公差（L）/ 放弃（U）/ 闭合（C）]：拾取 5 点，如图 3-30 所示（样条曲线下一点，用端点方式捕捉）

输入下一个点或 [ 端点相切（T）/ 公差（L）/ 放弃（U）/ 闭合（C）]：↙（结束样条曲线的绘制）

通过"样条曲线"操作，完成对局部视图的绘制，结果如图 3-31 所示。

**三、绘制斜视图**

斜视图是用于表达机件倾斜结构的视图，其轮廓线和波浪线的绘制方法可参照上面两个视图的绘制方法，绘制结果如图 3-32 所示。斜视图除图形外还需要进行标注，即用箭头和字母来表示视图的投射方向、名称及视图间的关系。

**1. 绘制箭头**

箭头绘制可以采用"多段线"命令来绘制。"多段线"命令为新命令，启用该命令主要有以下几种方式：

1）功能区。单击功能区"默认"选项卡→"绘图"面板→"多段线"按钮 ⤵ 。

2）工具栏。单击"绘图"工具栏→"多段线"按钮 ⤵ 。

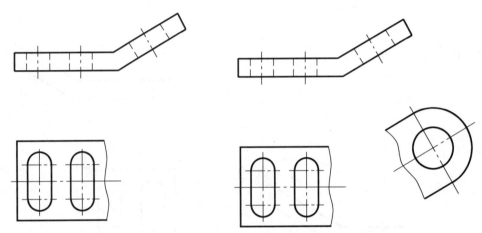

图 3-31　局部视图中的波浪线绘制　　　　图 3-32　斜视图的图形绘制

3）菜单栏。单击"绘图"菜单栏→"多段线"命令。

4）命令行。在命令行输入"PLINE"并按 <Enter> 键。

将"细实线"层设为当前图层，启用"多段线"命令，按命令行提示做如下操作：

指定起点：在主视图斜板结构上方合适的位置单击拾取一点（作为箭头上端直线起点）

当前线宽为 0.0000

指定下一个点或 [圆弧（A）/半宽（H）/长度（L）/放弃（U）/宽度（W）]：向右下方移动鼠标，使极轴追踪线保持 300°，在合适的位置单击再拾取一点（作为箭头上端直线下部端点）

指定下一点或 [圆弧（A）/闭合（C）/半宽（H）/长度（L）/放弃（U）/宽度（W）]：W↙（启用线宽设置）

指定起点宽度 <0.0000>：1↙

指定端点宽度 <1.0000>：0↙

指定下一点或 [圆弧（A）/闭合（C）/半宽（H）/长度（L）/放弃（U）/宽度（W）]：仍然沿 300° 的极轴追踪线继续向下移动鼠标，在合适的位置单击拾取一点（作为箭头尖端点）

指定下一点或 [圆弧（A）/闭合（C）/半宽（H）/长度（L）/放弃（U）/宽度（W）]：↙（结束命令，完成如图 3-33 所示的直线箭头的绘制）

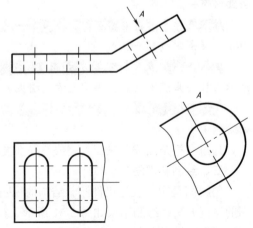

图 3-33　斜视图的标注

**【拓展】斜视图旋转配置时"多段线"命令的使用**

斜视图一般按投影关系配置，如图 3-33 所示的斜视图。必要时允许将斜视图旋转配置，如图 3-34 所示的斜视图。该斜视图上方的视图名称字母"*A*"附近有个旋转符号（圆弧＋箭头）。这个旋转符号可用"多段线"命令来绘制，因为"多段线"命令可以绘制出连续的且由不同宽度的直线和圆弧构成的组合线段。

要绘制上述的旋转符号，首先将"细实线"层设为当前图层，然后启用"多段线"命令，按命令行提示做如下操作：

指定起点：在合适的位置拾取一点（作为圆弧的起点）

当前线宽为 0.0000

指定下一个点或 [ 圆弧（A）/ 半宽（H）/ 长度（L）/ 放弃（U）/ 宽度（W）]：A ↙（启用圆弧绘制方式）

指定圆弧的端点（按住 Ctrl 键以切换方向）或

[ 角度（A）/ 圆心（CE）/ 方向（D）/ 半宽（H）/ 直线（L）/ 半径（R）/ 第二个点（S）/ 放弃（U）/ 宽度（W）]：D ↙（启用圆弧方向设置）

指定圆弧的起点切向：竖直向上移动鼠标并单击（显示一条竖直方向线，所绘圆弧在起点处与该方向线相切）

指定圆弧的端点（按住 Ctrl 键以切换方向）：在合适的位置拾取一点（作为圆弧的另一端点）

指定圆弧的端点（按住 Ctrl 键以切换方向）或

[ 角度（A）/ 圆心（CE）/ 闭合（CL）/ 方向（D）/ 半宽（H）/ 直线（L）/ 半径（R）/ 第二个点（S）/ 放弃（U）/ 宽度（W）]：W ↙（启用宽度设置）

指定起点宽度 <0.0000>：1 ↙

指定端点宽度 <1.0000>：0 ↙

指定圆弧的端点（按住 Ctrl 键以切换方向）或

[ 角度（A）/ 圆心（CE）/ 闭合（CL）/ 方向（D）/ 半宽（H）/ 直线（L）/ 半径（R）/ 第二个点（S）/ 放弃（U）/ 宽度（W）]：在合适的位置拾取一点（作为箭头的尖点）

指定圆弧的端点（按住 Ctrl 键以切换方向）或

[ 角度（A）/ 圆心（CE）/ 闭合（CL）/ 方向（D）/ 半宽（H）/ 直线（L）/ 半径（R）/ 第二个点（S）/ 放弃（U）/ 宽度（W）]：↙（结束命令，结果如图 3-34 所示）

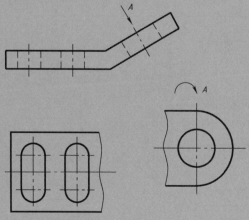

图 3-34　斜视图的旋转配置

2. 标注字母

（1）创建标注样式　在机械制图中，字母、数字及文字等样式要符合机械制图标准要求。要对上述图形标注字母，首先必须创建好样式。在 AutoCAD 中，字母、数字及文字等样式都是通过"文字样式"命令来创建的。"文字样式"命令为新命令，启用该命令主要有以下几种方式：

1）功能区。单击功能区"默认"选项卡→"注释"面板→"文字样式"按钮 。

2）工具栏。单击"样式"工具栏→"文字样式"按钮 。

3）菜单栏。单击"格式"菜单栏→"文字样式"命令。

4）命令行。在命令行输入"STYLE"并按 <Enter> 键。

启用"文字样式"命令后，系统弹出如图 3-35 所示的"文字样式"对话框，单击该对话框右侧的"新建"按钮，弹出"新建文字样式"对话框，在对话框中需输入样式名称，考虑到字母及数字样式的设置方式是相同的，为减少后期的重复创建，这里输入"字母和数字"作为样式名，如图 3-36 所示。单击"确定"按钮，系统返回到"文字样式"对话框，此时对话框左侧的样式列表中多了一个"字母和数字"样式，如图 3-37 所示。在"字体"选项组中的"字体名"下拉列表框中选中"gbeitc.shx"字体，如图 3-37 所示，单击"应用"按钮，再单击"关闭"按钮完成样式的创建。

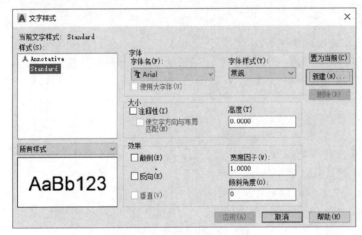

图 3-35　"文字样式"对话框

图 3-36　"新建文字样式"对话框

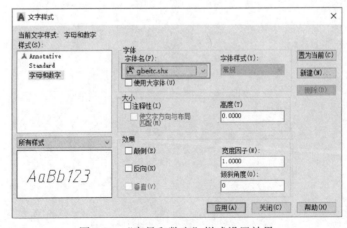

图 3-37　"字母和数字"样式设置效果

**提示**

1）制图标准中对字母、尺寸数字的书写有一定的要求。在 AutoCAD 中，gbenor.shx（直体）和 gbeitc.shx（斜体）字体不仅符合制图标准，还允许指定一种汉字的输入字体，即在标注尺寸及视图名称时可输入汉字，所以通常被选作标注字体。

2）若在标注中输入汉字，需在"文字样式"对话框中勾选"使用大字体"复选框，对话框中的"字体"选项组会发生变化，如图 3-38 所示，在"大字体"下拉列表框中为汉字指定一种字体，常用的汉字格式为 gbcbig.shx。

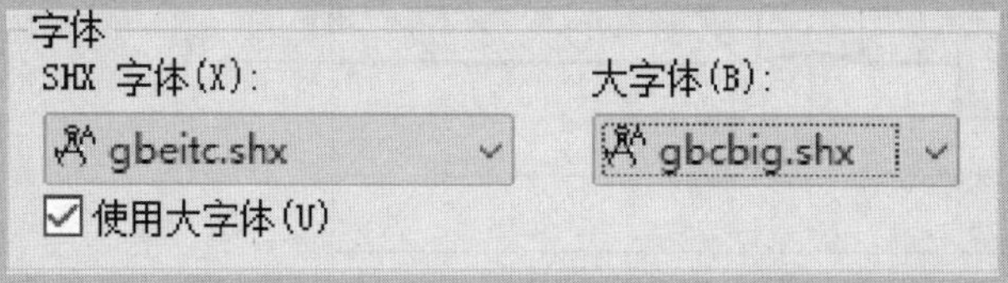

字体

SHX 字体(X):　　　　　　　　大字体(B):

gbeitc.shx　　　　　　　　gbcbig.shx

☑使用大字体(U)

图 3-38　使用大字体

（2）标注字母　要进行标注，首先要将所创建的样式置为当前样式。通常刚创建的样式会自动默认为当前样式。如果不是所需的当前样式，用户可以通过如图 3-37 所示的"文字样式"对话框将所需样式设为当前样式；或者将功能区"默认"选项卡上的"注释"面板展开，在"文字样式"下拉列表框中选择所需的样式；或者在"样式"工具栏上的"文字样式"下拉列表框中选择所需的样式。

由于标注内容简短，采用"单行文字"命令进行标注较为方便。"单行文字"命令为新命令，启用该命令主要有以下几种方式：

1）功能区。单击功能区"默认"选项卡→"注释"面板→"单行文字"按钮 A 。

2）菜单栏。单击"绘图"菜单栏→"文字"→"单行文字"命令。

3）命令行。在命令行输入"DTEXT"并按 <Enter> 键。

启用"单行文字"命令后，按命令行提示做如下操作：

当前文字样式："字母和数字"文字高度：2.5000 注释性：否对正：左

指定文字的起点或 [ 对正（J）/ 样式（S）]：在主视图中的箭头附近合适位置单击（确定文字的起点，默认文字的"对正"方式为"左"，即文字写入后起点位于文字的左侧中部，用户可以通过设置文字的"对正"方式来改变文字的起点位置）

指定高度 <2.5000>：10 ✓（输入文字的高度）

指定文字的旋转角度 <0>：✓（按 <Enter> 键表示不旋转）

TEXT：输入字母"A"后，在斜视图上方合适的位置单击，再一次输入字母"A"，然后在屏幕上单击后按 <Enter> 键，命令操作结束（注意："单行文字"命令在不退出命令前，可以创建多个文字对象）

至此，就完成了对局部视图的绘制以及对字母和箭头的标注，如图 3-33 所示。

## 任务三　绘制剖视图及断面图

在机械制图中，为了清晰地表达机件的内部结构，常采用剖视图或断面图。本任务将绘制如图 3-39 所示的套筒机件的一组视图。该组视图共有两个视图，其中上部视图为剖视图，下部视图为断面图。

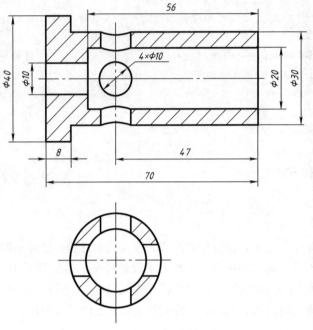

绘制套筒机件
的一组视图

图 3-39　套筒机件的一组视图

### 一、绘制剖视图

1. 绘图准备

绘图准备工作仍然参考单元二中任务四的做法来完成，将文件命名为"套筒机件视图"，图框大小为 210mm × 297mm。

2. 图形轮廓绘制

1）由于该剖视图图形上下对称，除十字中心线及 $\phi$10mm 的圆要绘制完整外，其余可先绘制出上半部分图形，如图 3-40 所示。注意：孔相贯线可采用近似画法，即用圆弧替代，上部一条相贯线用 $R$15mm 的圆弧绘制，下部一条相贯线用 $R$10mm 的圆弧绘制。

2）利用"镜像"命令，选择除十字中心线及 $\phi$10mm 的圆以外的所有图线，并以水平中心线为镜像轴，完成"镜像"操作，结果如图 3-41 所示。

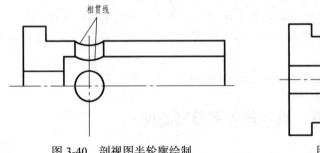

图 3-40　剖视图半轮廓绘制

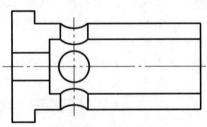

图 3-41　剖视图完整轮廓

3. 剖面线绘制

绘制剖视图时,应在剖面区域画出剖面线。在 AutoCAD 中,剖面线的绘制是通过"图案填充"命令来操作的。注意:剖面线为细实线,一定要将"细实线"层设为当前图层后再操作。

(1)启用"图案填充"命令 "图案填充"命令为新命令,启用该命令主要有以下几种方式:

1)功能区。单击功能区"默认"选项卡→"绘图"面板→"图案填充"按钮 🖽 。

2)工具栏。单击"绘图"工具栏→"图案填充"按钮 🖽 。

3)菜单栏。单击"绘图"菜单栏→"图案填充"命令。

4)命令行。在命令行输入"HATCH"并按 <Enter> 键。

启用"图案填充"命令后,如果当前工作界面无功能区,则弹出如图 3-42 所示的对话框。如果当前工作界面设有功能区,系统会在功能区中增加一项"图案填充创建"选项卡,如图 3-43 所示。该选项卡中的设置内容与如图 3-42 所示的对话框一致,只是布局不同而已。这里仅以当前工作界面无功能区时的"图案填充"操作进行讲解。

(2)选择填充图案 在如图 3-42 所示的对话框中,单击"图案"下拉列表框右侧的按钮 🔳 ,出现如图 3-44 所示的"填充图案选项板"对话框。该对话框中显示的是 AutoCAD 默认的填充图案,选择"ANSI"选项卡中的"ANSI31"项填充图案,该图案用于表示金属剖面线。单击该对话框下部的"确定"按钮,完成对剖面线的类型选择,系统返回到如图 3-42 所示的对话框中。

(3)输入填充图案的角度和比例 在如图 3-42 所示的对话框中,可以对"角度和比例"选项组进行设置,即在"角度"和"比例"文本框中分别输入角度值和比例值。其中角度值用于控制剖面线的方向,比例值用于控制剖面线间的间隔大小。比例值越大,剖面线的间隔越大,反之则越小。用户绘图时可以根据所绘制图形的大小和要求,选择合适的填充图案角度和比例。

图 3-42 "图案填充和渐变色"对话框

图 3-43   "图案填充创建"选项卡

图 3-44   "填充图案选项板"对话框

（4）确定填充区域的边界   单击如图 3-42 所示对话框中的"添加：拾取点"按钮，系统将以拾取点的形式自动确定填充区域的边界。这时，AutoCAD 会临时切换到绘图窗口，命令行也将出现操作提示，根据提示做如下操作：

拾取内部点或[选择对象（S）/删除边界（B）]：拾取 A 点，如图 3-45 所示（注意：拾取点必须位于需要填充的封闭线框内，AutoCAD 会自动分析边界，确定包围该点的闭合边界）

拾取内部点或[选择对象（S）/删除边界（B）]：拾取 B 点，如图 3-45 所示

拾取内部点或[选择对象（S）/删除边界（B）]：拾取 C 点，如图 3-45 所示

拾取内部点或[选择对象（S）/删除边界（B）]：拾取 D 点，如图 3-45 所示

拾取内部点或[选择对象（S）/删除边界（B）]：√（按 <Enter> 键结束点的拾取，系统又返回到如图 3-42 所示的对话框中）

（5）完成图案填充   在如图 3-42 所示的对话框中单击"确定"按钮，结束"图案填充"操作，填充结果如图 3-46 所示。

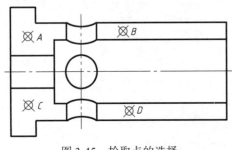

图 3-45   拾取点的选择

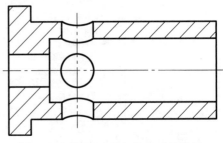

图 3-46   剖视图图案填充后的效果

用户如发现填充后的效果不理想，可以双击该填充图案，系统弹出如图 3-47 所示的对话框，在该对话框中可对剖面线的角度和比例等进行修改。

图 3-47 双击图案后弹出的对话框

 **【技巧】"图案填充"操作出现问题的处理办法**

在使用"图案填充"命令时，有时会出现无法填充的情况，其原因有两种：一是系统无法判定图案填充的范围，二是填充区域的边界没有封闭。针对这两种情况可做如下处理。

1. 系统无法判定图案填充的范围

当图形绘制不规范或绘制内容较多时，采用"图案填充"操作，会碰到系统找不到填充的封闭区域的情况。此时应先结束"图案填充"命令，把与填充区域图线无关的图层进行"锁定"或"冻结"，即仅启用与填充区域图线有关的图层，之后再执行"图案填充"命令，系统就会快速地确定出所要填充的区域。

2. 填充区域的边界没有封闭

当需要填充的区域边界处于不封闭状态时，如果执行"图案填充"命令，系统会弹出如图 3-48 所示的对话框，同时还会在没有处于封闭的边界端点处用红色的圆圈表示出来，提示用户在该处没有封闭，如图 3-49 所示。此时应先结束"图案填充"命令，然后对图形进行编辑，使其闭合后再执行"图案填充"命令。

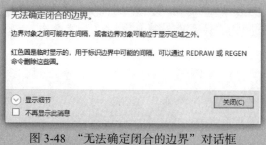

图 3-48 "无法确定闭合的边界"对话框　　图 3-49 边界没封闭提示

## 二、绘制断面图

1. 绘制套筒截面投影

1）由于该断面图位于剖视图中的竖直中心线（剖切线）的延长线上，可利用"直线"命令和"对象捕捉追踪"方式，绘制出断面图的竖直中心线，然后再绘制出水平中心线。

2）利用"圆"命令，捕捉刚才绘制好的十字中心线的交点作为圆心，绘出 $\phi$20mm 和 $\phi$30mm 的圆，如图 3-50a 所示。

 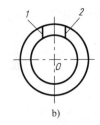 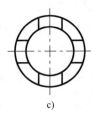 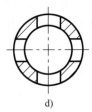

a)　　　　　　　　b)　　　　　　　　c)　　　　　　　　d)

图 3-50　断面图的绘制

2. 绘制四个圆柱孔的投影

利用"直线"命令和"对象捕捉追踪"方式,绘制出上部孔的投影,如图 3-50b 所示。由于四个圆柱孔的投影沿圆周分布,其余孔的投影采用"环形阵列"命令绘制较为方便。"环形阵列"命令为新命令,启用该命令主要有以下几种方式:

1)功能区。单击功能区"默认"选项卡→"修改"面板→"环形阵列"按钮 。

2)工具栏。单击"修改"工具栏→"环形阵列"按钮 。

3)菜单栏。单击"修改"菜单栏→"环形阵列"命令。

4)命令行。在命令行输入"ARRAYPOLAR"并按 <Enter> 键。

启用"环形阵列"命令后,按命令行提示做如下操作:

选择对象:拾取孔线段 1,如图 3-50b 所示(作为要阵列的对象)

选择对象:拾取孔线段 2,如图 3-50b 所示(作为要阵列的对象)

选择对象:↙(结束选择)

类型 = 极轴　关联 = 是

指定阵列的中心点或 [基点(B)/旋转轴(A)]:拾取断面图中心线的交点 O,如图 3-50b 所示

选择夹点以编辑阵列或 [关联(AS)/基点(B)/项目(I)/项目间角度(A)/填充角度(F)/行(ROW)/层(L)/旋转项目(ROT)/退出(X)]<退出>:I ↙(启用阵列个数设置)

输入阵列中的项目数或 [表达式(E)]<6>:4 ↙(输入阵列数量)

选择夹点以编辑阵列或 [关联(AS)/基点(B)/项目(I)/项目间角度(A)/填充角度(F)/行(ROW)/层(L)/旋转项目(ROT)/退出(X)]<退出>:↙(结束命令,结果如图 3-50c 所示)

 **提示**

　　如果当前工作界面有功能区,在使用"阵列"命令的过程中,当需要对阵列个数、距离等参数进行设置时,功能区会增加一项"阵列创建"选项卡,如图 3-51 所示。此时用户可以通过命令行来设置参数,也可以通过该"阵列创建"选项卡来设置参数。

图 3-51　"阵列创建"选项卡

**【拓展】其他类型的阵列命令**

　　除了上面的"环形阵列"命令外，AutoCAD 2020还提供了"矩形阵列"和"路径阵列"命令，这三种阵列命令属于同一类型，故在功能区和工具栏中这些按钮被设为一组，仅显示其中一个。若要显示其他按钮，可单击功能区中目前显示的阵列按钮右侧下拉三角按钮，在弹出的阵列下拉列表框中选择相应的阵列类型，或按住鼠标单击工具栏中目前显示的阵列按钮（注意：不要松开鼠标），则系统弹出含有三个阵列按钮的选择栏，移动鼠标在所需按钮上单击并松开鼠标即可。

　　"矩形阵列"命令的按钮为▦，英文命令为"ARRAYRECT"。该命令可以将图形按行列进行有规律的排列，如图3-52所示。使用"矩形阵列"需要设置的参数有"阵列对象"、"行"和"列"的数目、"行距"和"列距"。其操作很方便，只要按命令行的提示进行即可。

　　"路径阵列"命令的按钮为▨，英文命令为"ARRAYPATH"。该命令可以将图形按给定路径（如图3-53所示的样条曲线）进行有规律的排列。使用"路径阵列"需要设置的参数有"阵列对象""阵列路径""阵列数量"和"方向"等。其操作也很方便，只要按命令行的提示进行即可。

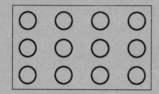

图 3-52　矩形阵列

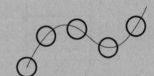

图 3-53　路径阵列

**3. 剖面线绘制**

　　利用"图案填充"命令对上面绘制的断面图添加剖面线。注意：断面图剖面线的方向和间隔要与主视图相同，即图案填充的"角度"及"比例"的设置要一致。断面图的绘制结果如图3-50d所示。

**【单元细语】业精于勤，荒于嬉；行成于思，毁于随**

　　港珠澳大桥是粤港澳首次合作共建的超大型跨海交通工程。在这个超级工程中，有位普通的钳工大显身手，成为明星工人，他就是管延安，经他安装的沉管设备，无一次出现问题，接缝处间隙误差做到了"零误差"标准。对于这样的间隙没办法用肉眼来判断，但管延安却通过一次次的拆卸和练习，练就了他安装零缝隙和听音辨隙的绝活。另外，管延安有一个多年养成的习惯，就是给每台修过的机器、每个修过的零件做笔记，将每个细节详细记录在个人的"修理日志"上，遇到什么情况、怎样处理都"记录在案"。从入行到现在，他已记了厚厚四大本，闲暇时他都会拿出来温故知新。正是这种追求极致的态度，不断地练习和总结，练就了管延安精湛的操作技艺。

　　本单元操作难度要比平面图形绘制大得多，另外"极轴对象捕捉追踪"方式是一种新的操作方式且非常重要，要想熟练掌握，就应像管延安一样不断地练习和总结。学习如此，干工作也是如此，只有认真做事、用心做事才能把事情做好。

# 练一练

1. 绘制如图 3-54 ~ 图 3-57 所示组合体的三视图。

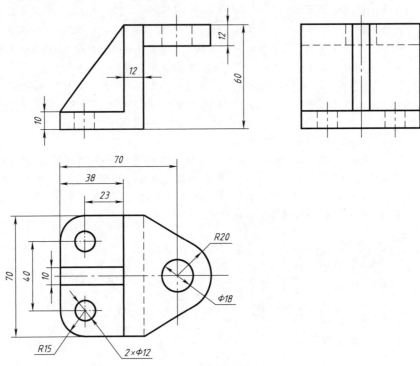

图 3-54 投影视图练习一

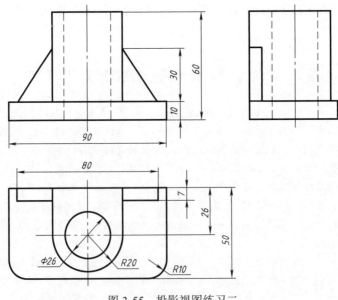

图 3-55 投影视图练习二

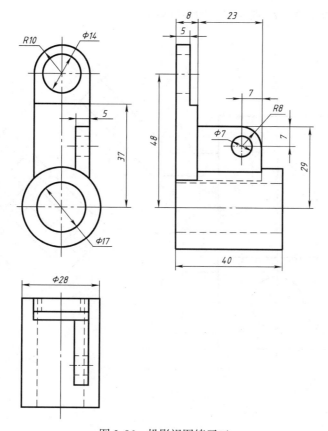

图 3-56　投影视图练习三

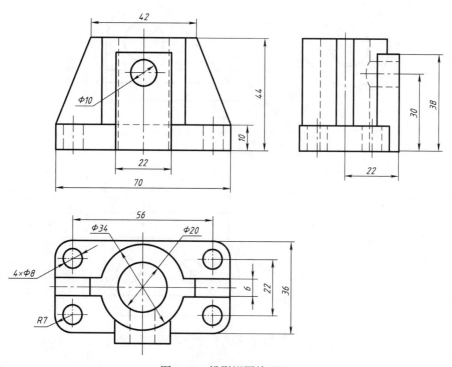

图 3-57　投影视图练习四

2.绘制如图 3-58～图 3-62 所示机件的一组视图。

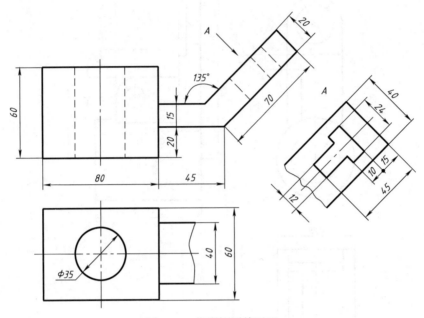

图 3-58　投影视图练习五

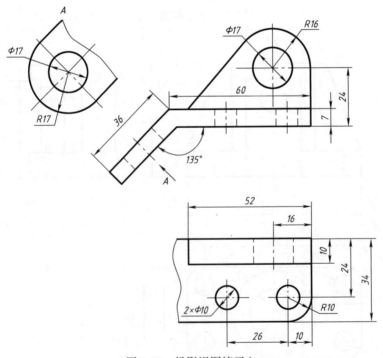

图 3-59　投影视图练习六

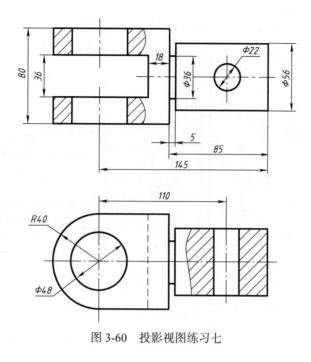

图 3-60 投影视图练习七

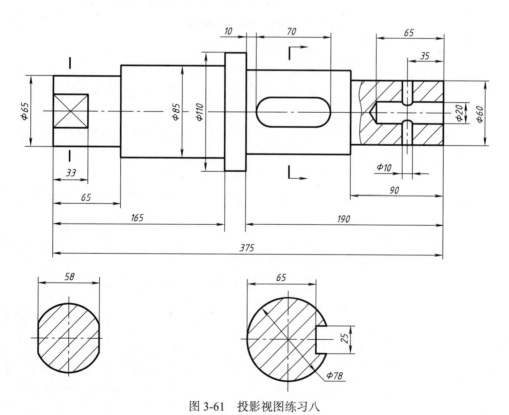

图 3-61 投影视图练习八

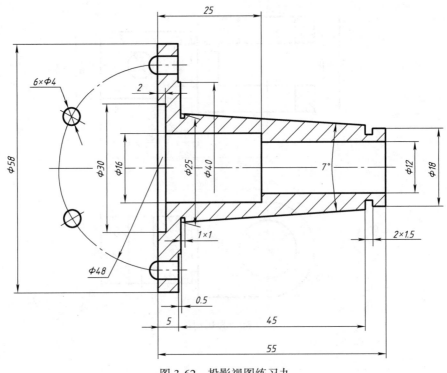

图 3-62　投影视图练习九

# 单元四 绘制零件图

| 学习目标 | 掌握样板文件的创建方法及零件图的绘制方法，并能够绘制出规范的零件图。 |
|---|---|
| 学习重点 | 符合机械制图标准的样板文件的创建、零件图的绘制方法、尺寸及技术要求的标注、标题栏的填写。 |
| 相关命令 | 拉伸、设计中心、圆弧、倒角、尺寸标注样式、尺寸标注及编辑相关命令、多行文字、公差、标注引线、创建块、写块、插入块等。 |
| 建议课时 | 6～8 课时。 |

## 任务一 创建符合机械标准的样板文件

创建样板文件

在图样绘制过程中，有许多内容都需要采取统一标准，如字体、文字样式、线型、图框和标题栏等。为避免重复操作，提高绘图效率，通常将这些具有统一标准的项目设置在样板文件中，使用时直接调用样板文件即可。AutoCAD 2020 提供了许多样板文件，但这些样板文件与我国的机械制图标准不完全符合，所以需要重新创建。本任务将创建符合机械制图标准的样板文件。这里以创建图幅为 A3（图 4-1）的样板文件为例，来介绍样板文件的创建方法和步骤。

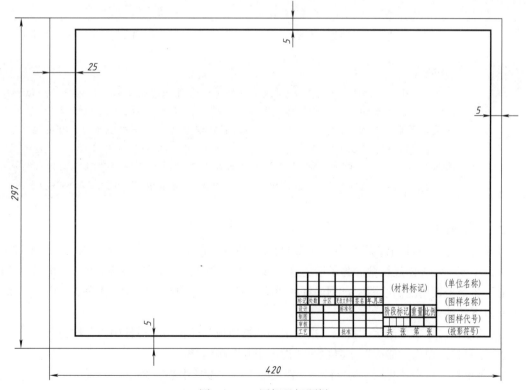

图 4-1　A3 图框及标题栏

**一、新建图形文件并命名**

单击快速访问工具栏上的"新建"按钮▢，在弹出的"选择样板"对话框中选择"acadiso.dwt"图形样板，并单击对话中的"打开"按钮，即可创建一个空白的图形文件。单击快速访问工具栏上的"保存"按钮▪，弹出"图形另存为"对话框。首先在"文件类型"下拉列表框中选择"AutoCAD图形样板（∗.dwt）"项，然后在"文件名"文本框中输入"A3机械样板"，如图4-2所示，然后单击"保存"按钮，弹出如图4-3所示的"样板选项"对话框。在该对话框中可以添加说明及设置测量单位等，这里采用默认设置，单击"确定"按钮，完成样板文件的创建与命名。

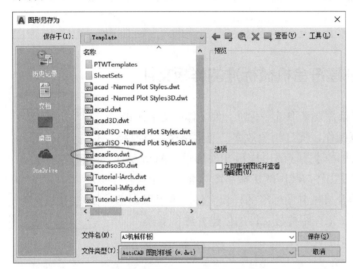

图4-2　"图形另存为"对话框

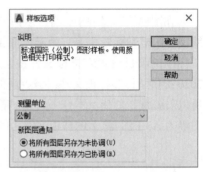

图4-3　"样板选项"对话框

**提示**
　　1）采用"新建"命令时，选择系统的样板文件一定要小心，应选择"acadiso.dwt"图形样板。如果用户选择了样板文件"acad.dwt"，则图形绘制的单位为in，需要对图形单位进行设置，图形单位的设置可以参看单元一中任务四的有关内容。
　　2）保存的样板文件格式是".dwt"，正常的图形文件格式是".dwg"，两者是有区别的。另外，样板文件的保存路径通常采用系统默认保存路径，保存后将统一存放于AutoCAD原始样板文件所在的文件夹"Template"中，以方便今后使用。

**二、创建线型**

线型的创建是通过"图层"命令来执行的，其创建方法在单元二中的任务一内已经讲解过了，用户可以按该方法去创建线型。为了避免这种重复性的"图层"操作，提高效率，这里采用"设计中心"命令来调用前面绘图中已创建好的图层线型。"设计中心"命令为新命令，启用该命令主要有以下几种方式：

1）功能区。单击功能区"视图"选项卡→"选项板"面板→"设计中心"按钮▦。
2）工具栏。单击"修改"工具栏→"设计中心"按钮▦。
3）菜单栏。单击"工具"菜单栏→"选项板"→"设计中心"命令。
4）命令行。在命令行输入"ADCENTER"并按 <Enter> 键。

启用"设计中心"命令后，系统打开"设计中心"选项板，如图 4-4 所示。该选项板的左侧为 AutoCAD 设计中心资源管理器区，右侧为内容显示区，内容显示区总是显示资源管理器区中被选中项的下一级内容。

在资源管理器区中找到前面创建的"曲板平面图形"，单击该文件名，该文件在资源管理器区中将显示出"标注样式""表格样式"和"图层"等项目，单击其中的"图层"项，内容显示区将显示已创建的所有图层，选中所需的图层（按 <Ctrl> 键可以实现多选），然后按住鼠标左键拖动到绘图窗口，则被选中的图层被添加到当前图形中。

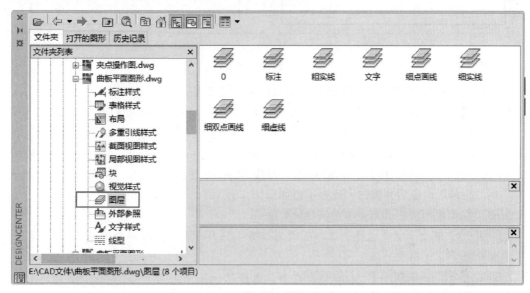

图 4-4　"设计中心"选项板

### 三、创建文字样式

机械工程中的文字包含汉字、字母和数字。其中，字母和数字的样式在单元三的任务二中已创建好，可以利用"设计中心"命令将其调入到当前文件中。机械制图规定汉字采用长仿宋体，其创建过程与创建"字母和数字"样式相同，仅需要将汉字的样式名设为"工程汉字"，字体选用"仿宋"字体，"宽度因子"设为 0.7。

**提示**

　样板文件是开放的，除文字样式外，用户也可以将尺寸样式、块等设置在该样板文件中，限于篇幅，这里暂不设置，可以根据需要随时添加，具体方法将在本单元任务二中进行讲解。

### 四、创建图框

将 0 层设成不打印状态并将其置为当前图层，利用"矩形"命令绘出外框线，矩形的两个对角点的坐标分别为"0，0"和"420，297"。利用"偏移"命令对所绘制的外框线进行偏移操作，向内偏移 5mm。然后选中由偏移操作得到的内框线，将其图层改成"粗实线"层，结果如图 4-5a 所示（虚线框除外）。此时内框左侧边线与外框左侧边线间的距离为 5mm，没有达到如图 4-1 所示的 25mm 距离，可以通过多种方法对其进行修改，这里采用"拉伸"命令进行处理。

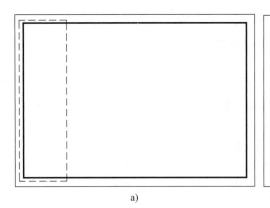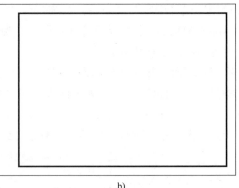

　　　　　　　a)　　　　　　　　　　　　　　　　　　b)

图 4-5　图框创建过程

"拉伸"命令为新命令，启用该命令主要有以下几种方式：

1）功能区。单击功能区"默认"选项卡→"修改"面板→"拉伸"按钮。

2）工具栏。单击"修改"工具栏→"拉伸"按钮。

3）菜单栏。单击"修改"菜单栏→"拉伸"命令。

4）命令行。在命令行输入"STRECTH"并按 <Enter> 键。

启用"拉伸"命令后，按命令行提示做如下操作：

以交叉窗口或交叉多边形选择要拉伸的对象…

选择对象："窗交"方式选择（选择区域为如图 4-5a 所示的虚线框部分）

选择对象：✓（结束选择）

指定基点或 [ 位移（D）] < 位移 >：在屏幕上拾取一点

指定第二个点或 < 使用第一个点作为位移 >：在极轴追踪状态下，水平向右移动光标后输入 20 ✓（作为第二点以确定拉伸量）

　　拉伸操作后的结果如图 4-5b 所示，A3 图纸的图框创建完成。

 **提示**

　　1）"拉伸"操作是一个复合操作，使用得当可以大大提高图形的编辑效率，它可以实现对原有对象的延长、缩短和移动操作。

　　2）采用"拉伸"操作的对象可以是直线、圆弧等，但不能对圆和椭圆进行操作。由"矩形"命令和"多边形"命令创建的对象，采用"拉伸"操作是把构成该对象的线段当作拉伸对象。

　　3）利用"拉伸"命令对所选对象进行延长或缩短时，必须采用"窗交"操作来选择，且只能是部分对象位于所选范围内（如图 4-5 中对矩形内框线的上、下两条边框线的选择）。注意：如果该对象全部位于所选范围内或对象的端点不在所选范围内，则不能用"拉伸"命令对该对象进行延长或缩短操作。

　　4）利用"拉伸"命令对所选对象进行移动时，采用"窗选"或"窗交"选择均可，但该对象必须全部位于所选范围内（如图 4-5 中的矩形内框的左侧边线）。

**五、创建标题栏**

　　机械制图对标准标题栏的格式有严格的规定，如图 4-6 所示。其中标题栏中的图线可通过采用"直线""复制"和"修剪"等操作来完成。

标题栏中的文字用"单行文字"命令来操作，文字样式为本任务中已创建好的"工程汉字"样式。

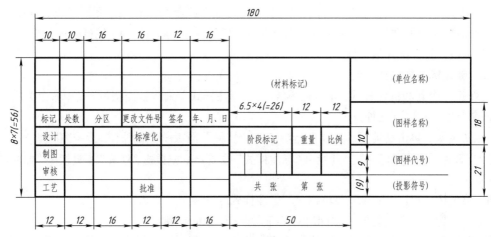

图 4-6 标准标题栏的格式

最后单击快速访问工具栏上的"保存"按钮，对创建的内容进行保存，完成 A3 样板图的创建。

对 A3 样板图进行适当修改，然后采用"图形另存为"的方式可以创建出 A1 机械样板、A2 机械样板和 A4 机械样板等。

# 任务二 在样板文件中添加标注样式

样板文件是开放的，可以根据需要随时添加新的内容。由于 AutoCAD 默认的标注样式与机械制图国家标准不完全相符，因此，需要创建一个符合国家标准的机械标注样式。本任务将在已有样板文件中添加机械标注样式。

在 AutoCAD 中，尺寸的组成与机械制图国家标准相似，只是在组成的划分上有所不同，如图 4-7 所示。AutoCAD 软件所定义的尺寸线与工程制图中的尺寸线是不一致的，工程制图中的尺寸线包含箭头和箭头间的连接线，而 AutoCAD 软件所定义的尺寸线仅为箭头间的连接线部分，它不含箭头。此外，AutoCAD 软件所定义的尺寸线以其中点为界又被细分为两部分，左边部分为尺寸线 1，右边部分为尺寸线 2。图 4-7 中的数字"1""2"和"第一""第二"是根据第一个尺寸界线原点位置来判断的。第一个尺寸界线原点就是尺寸标注时用鼠标拾取的第一个点。了解了 AutoCAD 中的尺寸组成，可以更好地完成标注样式的添加操作。

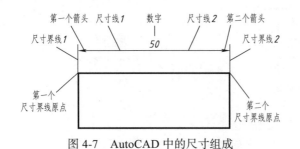

图 4-7 AutoCAD 中的尺寸组成

在样板文件中添加标注样式

**一、打开创建的样板文件**

单击快速访问工具栏上的"打开"按钮 🗁，弹出"选择文件"对话框，参见单元一任务四中的"打开文件"操作，首先在"文件类型"下拉列表框中选择"AutoCAD 图形样板（*.dwt）"项，然后在对话框左侧的文件名显示区中，选择本单元任务一中创建的"A3 机械样板"文件，单击"打开"按钮，打开该样板文件。

**二、新建标注样式并命名**

要新建一个新的标注样式，首先必须启用"标注样式"命令。"标注样式"命令为新命令，启用该命令主要有以下几种方式：

1）功能区。单击功能区"默认"选项卡→"注释"面板→"标注样式"按钮 🔚。

2）工具栏。单击"标注"工具栏→"标注样式"按钮 🔚，或单击"样式"工具栏→"标注样式"按钮 🔚。

3）菜单栏。单击"格式"菜单栏→"标注样式"命令。

4）命令行。在命令行输入"DIMSTYLE"并按 <Enter> 键。

启用"标注样式"命令后，系统弹出"标注样式管理器"对话框，如图 4-8 所示。单击对话框中的"新建"按钮，弹出"创建新标注样式"对话框，如图 4-9 所示。在该对话框中的"新样式名"文本框内输入"机械标注"，在"基础样式"下拉列表框中选中"ISO-25"选项，在"用于"下拉列表框中选中"所有标注"项，单击"继续"按钮，系统弹出"新建标注样式：机械标注"对话框，如图 4-10 所示。

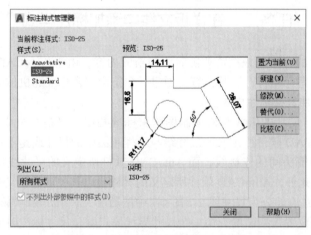

图 4-8   "标注样式管理器"对话框

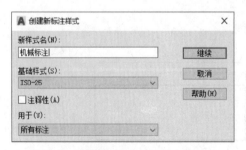

图 4-9   "创建新标注样式"对话框

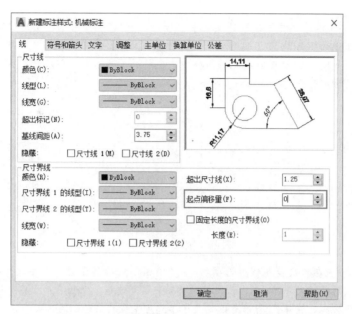

图 4-10 "新建标注样式：机械标注"对话框

**提示**

创建机械标注样式以"ISO-25"为基础样式来创建比较方便，因为 AutoCAD 中的"ISO-25"样式与机械制图国家标准要求最为接近，可减少设置的工作量。

### 三、标注样式参数设置

1. "线"选项卡设置

打开"新建标注样式：机械标注"对话框中的"线"选项卡，用户可在其中设置尺寸线和尺寸界线的有关参数。这里只需把"尺寸界线"选项组中的"起点偏移量"项的值设为"0"即可，如图 4-10 所示。

**提示**

1）在"尺寸线"选项组中，"基线间距"项用于在使用基线标注时控制两尺寸线之间的距离。该选项组中的"隐藏"项用于控制两条尺寸线的可见性。如勾选"尺寸线 1"复选框，则第一条尺寸线及箭头不画，为半边标注。图 4-11 所示为设置尺寸线的三种不同情况。

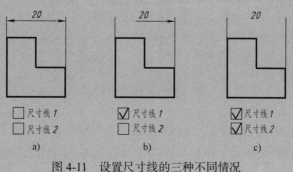

图 4-11 设置尺寸线的三种不同情况

2）在"尺寸界线"选项组中，"超出尺寸线"项用于控制尺寸界线最外端超出尺寸线的距离，"起点偏移量"项用于控制尺寸界线的起点与尺寸界线原点之间的距离，如图4-12所示。在机械图样中一般将其改为"0"，即尺寸界线起始点直接从图形轮廓线引出，不留间隔。

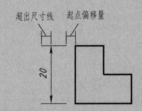

图4-12　"尺寸界线"选项组数据

3）在"尺寸界线"选项组中，"隐藏"选项用于控制两条尺寸界线的可见性。如果勾选"尺寸界线1"和"尺寸界线2"复选框，则两条尺寸界线均不画，即隐藏尺寸界线。图4-13所示为设置尺寸界线可见性的三种不同情况。

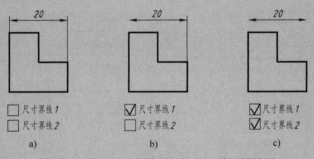

图4-13　设置尺寸界线可见性的三种不同情况

4）要尽可能采用AutoCAD中默认标注样式中的有关参数，仅对其中的部分参数进行设置，以减少设置工作量，同时也能保证计算机中CAD尺寸整体外观显示合理、协调，即与实际工程图样观察效果相同。CAD尺寸整体外观显示合理协调是通过对其对话框中的"调整"选项卡的设置来保证的。

5）如果需要对CAD图形进行打印，企业往往都是按A3或A4图纸格式进行打印，采用本书介绍的尺寸样式设置方法来标注CAD文件，经打印后其尺寸样式也是符合标准的。但如果打印在像A0这样的大图纸上，则需要在上面的设置基础上增加部分参数的设置，此时用户只要根据选项卡中的"提示"说明并结合尺寸标注的有关标准进行相应地更改设置即可。

2."符号和箭头"选项卡设置

打开"新建标注样式：机械标注"对话框中的"符号和箭头"选项卡，如图4-14所示，该选项卡用于设定箭头、圆心标记、弧长符号和半径折弯标注等有关参数，这里采用默认设置即可。

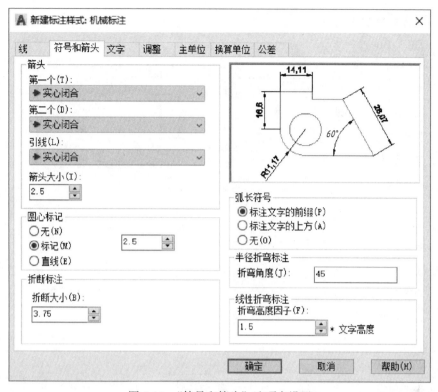

图 4-14　"符号和箭头"选项卡设置

**提示**

　　为了适应不同类型的图形标注需要，AutoCAD 设置了 20 多种箭头样式，用户可通过"符号和箭头"选项卡中的"箭头"选项组来设置"第一个"箭头和"第二个"箭头的类型，并在"箭头大小"文本框中设置它们的大小。常用的箭头如图 4-15 所示。"引线"项用来设置指引线箭头的类型。

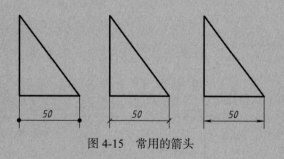

图 4-15　常用的箭头

3. "文字"选项卡设置

　　打开"新建标注样式：机械标注"对话框中的"文字"选项卡，用户可在其中设置文字外观、文字位置及文字对齐方式等。这里需要在"文字外观"选项组中将"文字样式"设为"字母和数字"样式，其余采用默认设置，如图 4-16 所示。

图 4-16    "文字"选项卡设置

**提示**

1）在"文字外观"选项组中，可设置文字的样式、颜色、高度和分数高度比例等。

2）在"文字位置"选项组中，可设置文字的垂直、水平位置及从尺寸线的偏移量等。其中"垂直"下拉列表框用于设置标注文字相对于尺寸线在垂直方向的位置，如图 4-17 所示。例如：将"垂直"下拉列表框设置为"上"，即文字位于尺寸线上方。

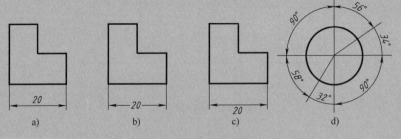

图 4-17    文字垂直位置

a) 上方    b) 居中    c) 外部    d) JIS

3）"文字位置"选项组中的"水平"下拉列表框用于设置标注文字相对于尺寸线和尺寸界线在水平方向的位置，如图 4-18 所示。例如：将"水平"下拉列表框设置为"居中"，即文字位于尺寸线中央。

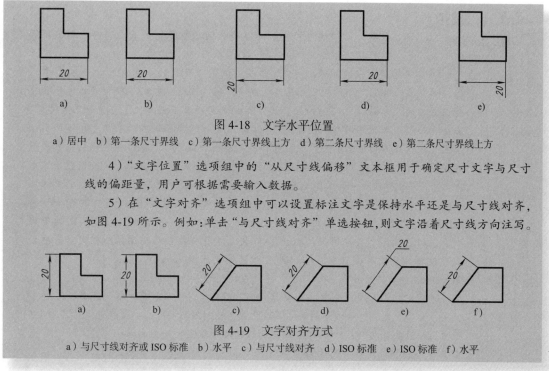

图 4-18 文字水平位置

a）居中 b）第一条尺寸界线 c）第一条尺寸界线上方 d）第二条尺寸界线 e）第二条尺寸界线上方

4）"文字位置"选项组中的"从尺寸线偏移"文本框用于确定尺寸文字与尺寸线的偏距量，用户可根据需要输入数据。

5）在"文字对齐"选项组中可以设置标注文字是保持水平还是与尺寸线对齐，如图 4-19 所示。例如：单击"与尺寸线对齐"单选按钮，则文字沿着尺寸线方向注写。

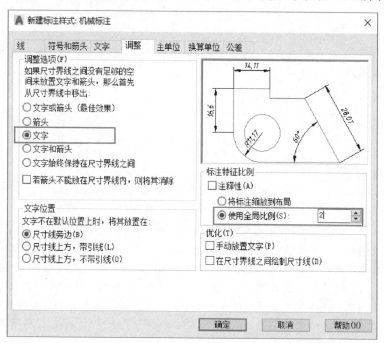

图 4-19 文字对齐方式

a）与尺寸线对齐或 ISO 标准 b）水平 c）与尺寸线对齐 d）ISO 标准 e）ISO 标准 f）水平

**4. "调整"选项卡设置**

打开"新建标注样式：机械标注"对话框中的"调整"选项卡，用户可以设置尺寸文字、箭头的放置位置和标注特征比例等，这里在"调整选项"选项组中单击"文字"单选按钮，在"标注特征比例"选项组的"使用全局比例"文本框中输入数值 2，如图 4-20 所示。

图 4-20 "调整"选项卡设置

**提示**

1）"调整选项"选项组可根据尺寸界线之间的空间大小来控制标注文字和箭头的位置。各按钮的具体含义如下：

①"文字或箭头（最佳效果）"选项。该选项针对的是两点间的线性尺寸的标注。选中该选项后，如果两尺寸界线之间有足够的距离，AutoCAD 将尺寸文字和尺寸箭头放在两尺寸界线之间；如果两尺寸界线之间距离不太大，但可放得下尺寸文字，AutoCAD 将尺寸文字放在两尺寸界线之间，而把尺寸箭头放在两条尺寸界线外面；如果两尺寸界线之间距离不太大，但可放得下尺寸箭头，AutoCAD 将尺寸箭头放在两尺寸界线之间，而把尺寸文字放在两尺寸界线外面；如果两尺寸界线之间距离很小，不足以放下尺寸文字或尺寸箭头，AutoCAD 将尺寸文字和尺寸箭头放在两尺寸界线外面。

②"箭头"单选项。选中该选项后，如果两尺寸界线之间有足够的距离，AutoCAD 将尺寸文字和尺寸箭头放在两尺寸界线之间；如果两尺寸界线之间距离不太大，但还放得下尺寸箭头，AutoCAD 将尺寸箭头放在两尺寸界线之间，而把尺寸文字放在两尺寸界线外面；如果两尺寸界线之间距离很小，连尺寸箭头也放不下，AutoCAD 自动将尺寸文字和尺寸箭头放在两尺寸界线外面。

③"文字"选项。选中该选项后，如果两尺寸界线之间有足够的距离，AutoCAD 将尺寸文字和尺寸箭头放在两尺寸界线之间，否则只把尺寸文字放在两尺寸界线之间，而把尺寸箭头放在两尺寸界线外面；如果两尺寸界线之间距离很小，连尺寸文字也放不下，AutoCAD 自动将尺寸文字和尺寸箭头一起放在两尺寸界线外面。

④"文字和箭头"选项。选中该选项后，如果两尺寸界线之间有足够的距离，AutoCAD 将尺寸文字和尺寸箭头放在两尺寸界线之间，否则把尺寸文字和尺寸箭头放在两尺寸界线外面。

⑤"文字始终保持在尺寸界线之间"选项。选择该选项后，AutoCAD 总是将尺寸文字放在两尺寸界线之间。

⑥"若箭头不能放在尺寸界线内，则将其消除"复选项。勾选该复选项后，当两尺寸界线之间没有足够距离时，隐藏尺寸箭头。

2）在"文字位置"选项组中可设置当文字不在默认位置上时所放置的位置，如图 4-21 所示。

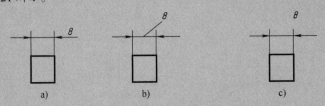

图 4-21　文字的位置

a）尺寸线旁边　b）尺寸线上方，带引线　c）尺寸线上方，不带引线

3）在"标注特征比例"选项组内，改变"使用全局比例"项中的比例值不会改变所标注的尺寸值，其仅对尺寸箭头大小、尺寸文字高度、尺寸界线超出尺寸线的距离及两尺寸界线起始点与尺寸界线原点间的距离等参数产生作用，而不能对几何公差、角度等产生作用。考虑到样板文件为 A3 图幅，这里将"使用全局比例"项中的比例值设置为 2 较为合适。由前面尺寸箭头大小和文字高度值为 2.5 可知，实际绘制出来的尺寸箭头大小是 5，尺寸文字高度也为 5。图 4-22 所示为全局比例分别为 1 和 2 的效果图。

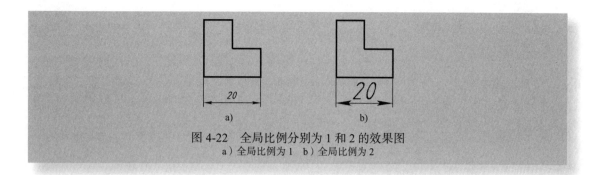

图 4-22 全局比例分别为 1 和 2 的效果图

a) 全局比例为 1 b) 全局比例为 2

5. "主单位" 选项卡设置

打开 "主单位" 选项卡，用户可以设置单位格式、精度和小数分隔符等。这里，在 "线性标注" 选项组内 "小数分隔符" 下拉列表框中选中 "句点" 选项，其余采用默认设置，如图 4-23 所示。

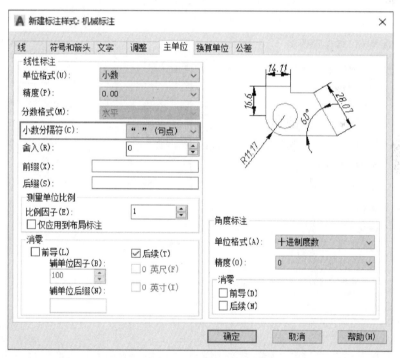

图 4-23 "主单位" 选项卡设置

**提示**

1）"线性标注" 选项组可设置线性标注的格式和精度，各选项的含义如下：

①"单位格式" 下拉列表框用于设置除角度标注以外其余各标注类型的尺寸单位格式，默认为 "小数"，除此之外还包括有 "科学" "分数" 等。

②"精度" 下拉列表框用于设置尺寸精度，如设置 "0.00" 表示尺寸精确到小数点后两位。

③在 "小数分隔符" 下拉列表框中选中 "句点"，可使十进制数的整数部分和小数部分间的分隔符为小数点。

④ "前缀"和"后缀"文本框用于设置标注文字的前缀和后缀，用户在相应的文本框中输入字符即可。

2）将"消零"选项组中的"后续"复选框选中，可删除小数点后的后续零。

3）"测量单位比例"选项组的"比例因子"值应等于图形所绘制比例值的倒数。一般情况绘图首选比例 1∶1，则比例因子为"1"；如果绘图比例为 2∶1，则比例因子为"0.5"。

4）在"角度标注"选项组中，"单位格式"下拉列表框用于设置标注角度时的单位，"精度"下拉列表框则用于设置角度值的精度，使用"消零"选项组可设置是否消除角度值的前导和后续零。

6. "换算单位"选项卡设置

打开"换算单位"选项卡，该选项卡用于米制单位与英制单位的换算，如图 4-24 所示，通常不做设置，此时须注意不要勾选"显示换算单位"复选框。

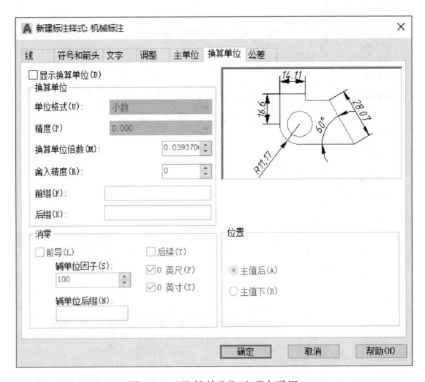

图 4-24 "换算单位"选项卡设置

7. "公差"选项卡设置

打开"公差"选项卡，该选项卡用于设置标注文字中的公差及显示。这里采用默认设置，即"公差格式"选项组中的"方式"下拉列表框中为"无"选项，如图 4-25 所示。

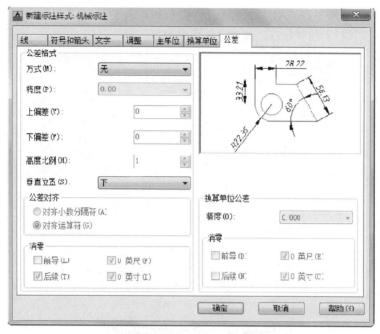

图 4-25　"公差"选项卡设置

**提示**

　　用户可在"公差"选项卡中设置是否标注公差，以及以何种方式进行标注。

　　在"公差格式"选项组中的"方式"下拉列表框中有五种公差标注样式，如图 4-26 所示。"上偏差""下偏差"文本框用于设置尺寸的上下偏差⊖，"高度比例"文本框用于确定公差文字的高度比例因子，"垂直位置"下拉列表框用于控制公差文字相对于尺寸文字的位置，"消零"选项组用于设置是否消除公差值的前导或后续零。

图 4-26　五种公差标注样式

a) 无　b）对称　c）极限偏差　d）极限尺寸　e）公称尺寸

### 四、保存标注样式参数设置

　　完成上述各选项卡的设置后，单击"确定"按钮，系统返回到"标注样式管理器"对话框，如图 4-27 所示。此时对话框多了一种"机械标注"样式，单击"关闭"按钮，完成新的尺寸标注样式的创建和保存。最后单击快速访问工具栏上的"保存"按钮，"机械标注"样式就会添加到"A3 机械样板"文件中。

### 五、在其他样板文件中添加"机械标注"样式

　　打开在任务一中创建的其他样板文件，利用"设计中心"命令将"A3 机械样板"文件中的

---

　　⊖　现行国家标准中使用"上极限偏差""下极限偏差"术语，本书为与软件界面保持一致，仍使用"上偏差""下偏差"术语。

"机械标注"样式分别添加到"A1机械样板""A2机械样板"和"A4机械样板"等文件中，最后单击快速访问工具栏上的"保存"按钮进行保存即可。

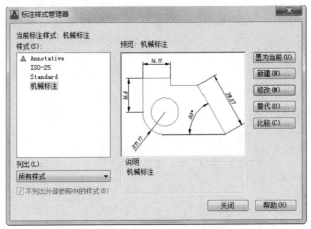

图4-27　返回后的"标注样式管理器"对话框

# 任务三　绘制零件视图

零件图是机械图样中的重要组成部分，一张完整的零件图应包含一组视图、完整的尺寸、技术要求和标题栏这四方面的内容。本任务将绘制图4-28和图4-29所示零件图中的视图部分。

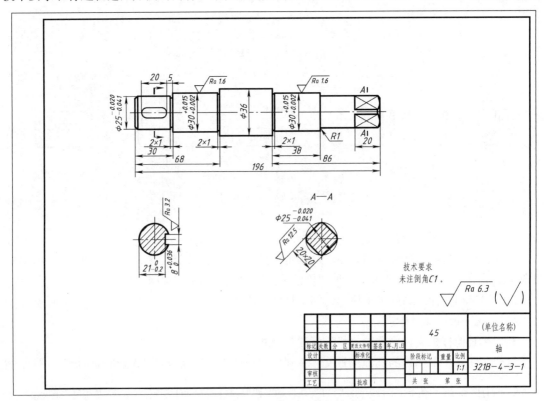

图4-28　轴零件图

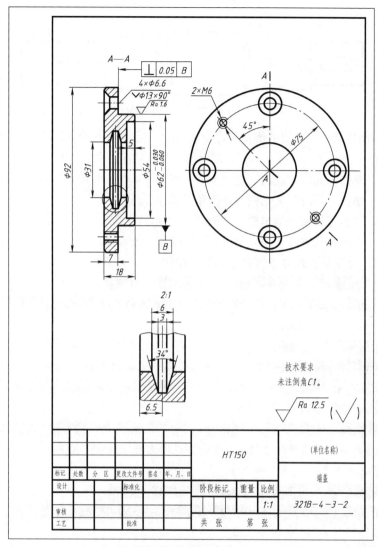

图 4-29　端盖零件图

**一、绘制轴零件视图**

轴零件图共用三个视图，上部为主视图，下部左右两个视图均为断面图。分析完轴零件视图的构成，接下来开始绘制零件视图。

1. 调用样板文件和命名文件

1）根据分析，本次绘图需采用 A3 图幅。单击快速访问工具栏上的"新建"按钮 ，系统弹出"选择样板"对话框。在对话框中选择本单元任务一中创建的"A3 机械样板"文件，单击"打开"按钮，完成样板文件的调用。

2）单击快速访问工具栏上的"保存"按钮 ，在弹出的"图形另存为"对话框中，将文件命名为"轴"，单击"保存"按钮，关闭对话框。

2. 绘制主视图大体轮廓

由于主视图右侧的平面结构需通过图 4-28 所示右侧断面图的有关信息才能绘制，所以先绘出不含平面结构的主视图部分。利用"直线""圆""圆角"及"镜像"等命令画出主视图主要轮廓，

绘制轴零件
视图

如图 4-30 所示。

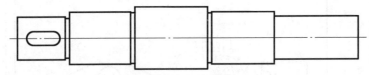

图 4-30  主视图主要轮廓

主视图中的倒角结构需要用"倒角"命令来操作。"倒角"命令为新命令，启用该命令主要有以下几种方式：

1）功能区。单击功能区"默认"选项卡→"修改"面板→"倒角"按钮。

2）工具栏。单击"修改"工具栏→"倒角"按钮。

3）菜单栏。单击"修改"菜单栏→"倒角"命令。

4）命令行。在命令行输入"CHAMFER"并按 <Enter> 键。

启用"倒角"命令后，按命令行提示做如下操作：

（"修剪"模式）当前倒角距离 1 = 0.0000，距离 2 = 0.0000

选择第一条直线或 [ 放弃（U）/ 多段线（P）/ 距离（D）/ 角度（A）/ 修剪（T）/ 方式（E）/ 多个（M）]：d ✓ （定义倒角距离）

指定第一个倒角距离 <0.0000>：1 ✓ （输入第一条边倒角距离为 1mm）

指定第二个倒角距离 <1.0000>：1 ✓ （输入第二条边倒角距离为 1mm）

选择第一条直线或 [ 放弃（U）/ 多段线（P）/ 距离（D）/ 角度（A）/ 修剪（T）/ 方式（E）/ 多个（M）]：拾取图 4-31a 所示的 1 线

选择第二条直线，或按住 Shift 键选择直线以应用角点或 [ 距离（D）/ 角度（A）/ 方法（M）]：拾取图 4-31a 所示的 2 线（1 线和 2 线间直角变成 45° 角）

键入命令：✓ （重复"倒角"命令）

（"修剪"模式）当前倒角距离 1 = 1.0000，距离 2 = 1.0000

选择第一条直线或 [ 放弃（U）/ 多段线（P）/ 距离（D）/ 角度（A）/ 修剪（T）/ 方式（E）/ 多个（M）]：拾取图 4-31a 所示的 2 线

选择第二条直线，或按住 Shift 键选择直线以应用角点或 [ 距离（D）/ 角度（A）/ 方法（M）]：拾取图 4-31a 所示的 3 线（2 线和 3 线间直角变成 45° 角）

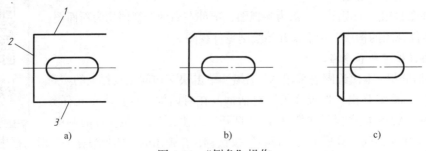

图 4-31  "倒角"操作

"倒角"操作后的结果如图 4-31b 所示，再利用"直线"命令补全倒角线，完成轴左端倒角的绘制，如图 4-31c 所示。

用同样的方法完成轴右端倒角的绘制，如图 4-32 所示，主视图大体轮廓绘制完成。

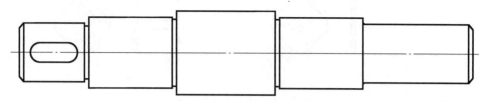

图 4-32　轴两端倒角后的效果

3. 绘制断面图

（1）绘制左侧断面图　用"圆""直线""修剪"及"图案填充"等命令制出左侧断面图，结果如图 4-33 所示。

（2）绘制右侧断面图　右侧断面图可以采用多种方法来绘制，但如果方法不当，可能会非常烦琐。这里采用一种较为简便的方法来创建，其作图步骤也较为清晰。

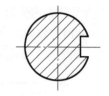

图 4-33　左侧断面图

1）启用"极轴追踪"，将"极轴增量角"设为 45°。单击工具栏中的"多边形"命令，根据命令行的提示做如下操作：

输入侧面数 <4>：✓（< > 中默认为 4，如果不是"4"，必须输入值后按 <Enter> 键）

指定正多边形的中心点或 [边（E）]：E ✓（执行由边绘制多边形操作）

指定边的第一个端点：在图中适当位置拾取一点 A，如图 4-34a 所示（作为多边形一边的端点）

指定边的第二个端点：向右下方移动鼠标，当极轴追踪线显示为 315° 时，输入 20 ✓（作为多边形一边的另一端点 B，完成正方形绘制，如图 4-34a 所示）

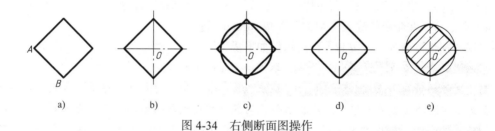

a)　　　　b)　　　　c)　　　　d)　　　　e)

图 4-34　右侧断面图操作

2）启用"直线"命令，利用"对象捕捉追踪"操作完成该断面图十字中心线的绘制，如图 4-34b 所示。

3）利用"圆"命令绘出 $\phi 25$mm 的粗实线圆，圆心为十字中心线的交点 O，如图 4-34c 所示。再利用"修剪"命令修剪掉多余的部分，如图 4-34d 所示。

4）利用"图案填充"命令完成对该断面图的剖面线绘制，再利用"圆"命令绘出 $\phi 25$mm 的细实线圆，圆心仍为十字中心线的交点 O，则右侧断面图绘制完成，如图 4-34e 所示。

4. 完成主视图平面结构的绘制

1）利用"复制"命令将绘制的断面图复制到主视图的右侧，并使该复制断面图的水平中心线与主视图中的水平轴线对齐，如图 4-35a 所示。

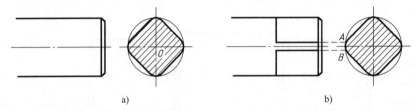

图 4-35　主视图平面结构绘制一

2）利用"对象捕捉追踪"方式，在主视图中绘出两条竖直轮廓线和两条水平轮廓线，如图 4-35b 所示。注意：两条水平轮廓线是通过图 4-35b 中 A、B 点所在的追踪线绘出的，图 4-35b 中用虚线部分表示的为追踪线，两条水平轮廓线的长度均为 19mm。

3）利用"修剪"命令将右侧多余的倒角线修剪去除，再利用"直线"命令绘出两组交叉的细实线，如图 4-36a 所示。注意：图 4-36a 中的虚线是追踪线。

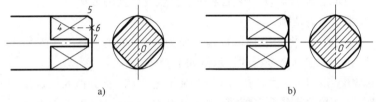

图 4-36　主视图平面结构绘制二

4）轴右端的圆弧需要采用"圆弧"命令绘制。"圆弧"命令为新命令，启用该命令主要有以下几种方式：

1）功能区。单击功能区"默认"选项卡→"绘图"面板→"圆弧"按钮 。

2）工具栏。单击"绘图"工具栏→"圆弧"按钮 。

3）菜单栏。单击"绘图"菜单栏→"圆弧"→"三点圆弧"命令。

4）命令行。在命令行输入"ARC"并按 <Enter> 键。

启用"圆弧"命令后，按命令行提示做如下操作：

指定圆弧的起点或 [ 圆心（C）]：拾取图 4-36a 所示的 5 点

指定圆弧的第二个点或 [ 圆心（C）/端点（E）]：利用"对象捕捉追踪"方式，以图 4-36a 所示交叉细实线的交点为追踪点，然后水平移动鼠标捕捉到与轴右端边线的交点 6

指定圆弧的端点：拾取图 4-36a 中紧靠主视图水平轴线上方的水平轮廓线的右侧端点 7

**提示**

AutoCAD 2020"圆弧"命令有多种绘制方式，除"三点"方式绘制圆弧外，还有"起点、圆心、端点"及"起点、圆心、角度"等十种方式，但只有菜单栏及功能区提供了圆弧绘制的所有方式。由于"圆弧"操作较为简单，这里不再逐一进行讲解。

通过上述操作，完成对轴右端上部圆弧的绘制，用"镜像"命令完成对轴右端下部圆弧的绘制，结果如图 4-36b 所示。最后用"删除"命令删除轴右端所复制的断面图；并利用"多段线"和"单行文字"等命令完成轴零件图中的剖切符号、字母及断面图名称"A—A"的绘制，文字样式为"字母和数字"，高度为"5"，如图 4-28 所示；再利用"保存"命令对绘制的图形进行保存，完成轴零件视图的绘制。

### 二、绘制端盖零件视图

端盖零件图共用三个视图，如图 4-29 所示，上部左侧为主视图，右侧为左视图，下部为局部放大图。分析完端盖零件视图的构成，接下来开始绘制零件视图。

绘制端盖
零件视图

1. 调用样板文件和命名文件

1）根据分析，本次绘图需采用 A4 图幅。单击快速访问工具栏上的"新建"按钮 ，系统弹出"选择样板"对话框。在对话框中选择本单元任务一中创建的"A4 机械样板"文件，单击"打开"按钮，完成样板文件的调用。

2）单击快速访问工具栏上的"保存"按钮 ，在弹出的"图形另存为"对话框中，将文件命名为"端盖"，单击"保存"按钮，关闭对话框。

2. 绘制左视图

在三个视图中，左视图反映了端盖零件的特征形状。采用 AutoCAD 2020 绘图时，通常先画出具有特征形状的视图，以便于利用追踪操作绘出具有"三等"关系的其他视图。

利用"直线""圆"和"环形阵列"等命令完成对端盖左视图的绘制，结果如图 4-37 所示。

3. 绘制主视图

端盖主视图通常采用"直线""修剪""倒角""镜像""圆"和"图案填充"等命令并结合"对象捕捉追踪"操作绘出，如图 4-38 所示。

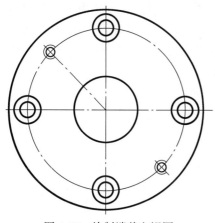

图 4-37 绘制端盖左视图

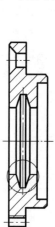

图 4-38 绘制端盖主视图

4. 绘制局部放大图

用"复制"命令对主视图中需放大的图形部分进行复制，复制结果如图 4-39a 所示。然后利用"样条曲线""修剪"等命令对复制的图形进行整理，结果如图 4-39b 所示。

接下来对整理好的图 4-39b 所示的图形进行放大处理，需要采用"缩放"命令。"缩放"命令为新命令，启用该命令主要有以下几种方式：

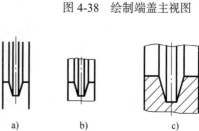

a)　　　　　b)　　　　　c)

图 4-39 局部放大图操作

1）功能区。单击功能区"默认"选项卡→"修改"面板→"缩放"按钮 。

2）工具栏。单击"修改"工具栏→"缩放"按钮 。

3）菜单栏。单击"修改"菜单栏→"缩放"命令。

4）命令行。在命令行输入"SCALE"并按 <Enter> 键。

启用"缩放"命令后，按命令行提示做如下操作：

选择对象：选择图 4-39b 所示的所有图线

选择对象：✓（结束选择）

指定基点：在适当位置拾取一点（作为缩放的中心）

指定比例因子或 [ 复制（C）/ 参照（R）]:2 ✓（输入缩放绝对比例因子，完成"缩放"操作）

图形"缩放"操作结束后，再利用"图案填充"命令对缩放后的图形添加剖面线，完成整个局部放大图的绘制，结果如图 4-39c 所示。注意：剖面线的间隔和方向在全图中要保持一致。最后利用"多段线"和"单行文字"等命令完成端盖零件图中的剖切符号、字母、比例 2：1 及剖视图名称 *A—A* 的绘制，文字样式为"字母和数字"，高度为"5"，如图 4-29 所示；再利用"保存"命令对绘制的图形进行保存，完成端盖零件图的绘制。

## 任务四　零件图尺寸标注

零件图的尺寸标注是零件图绘制的一个重要环节。本任务将对在本单元任务三中绘制的零件视图添加尺寸标注。

标注前，首先将前面创建的"机械标注"样式置为当前尺寸标注样式。用户可以单击功能区"默认"选项卡→"注释"面板中的标注样式下拉列表框，在弹出的下拉列表框中选中"机械标注"样式，如图 4-40a 所示；或单击"样式"工具栏中的标注样式下拉列表框，在弹出的下拉列表框中选中"机械标注"样式，如图 4-40b 所示。

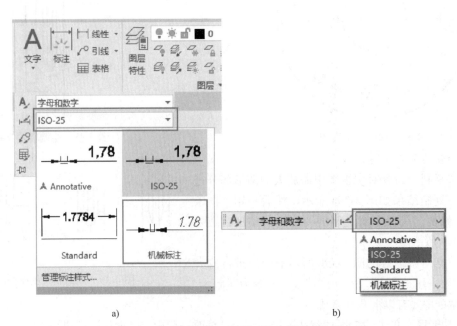

a)　　　　　b)

图 4-40　"机械标注"样式设为当前样式操作

### 一、轴零件视图尺寸标注

1. 主视图尺寸标注

（1）标注长度尺寸 长度尺寸的标注需要采用"线性"标注命令。该命令为新命令，启用该命令主要有以下几种方式：

1）功能区。单击功能区"默认"选项卡→"注释"面板→"线性"按钮 ⊢。

2）工具栏。单击"标注"工具栏→"线性"按钮 ⊢。

3）菜单栏。单击"标注"菜单栏→"线性"命令。

4）命令行。在命令行输入"DIMLINEAR"并按 <Enter> 键。

启用"线性"标注命令后，按命令行提示做如下操作：

指定第一个尺寸界线原点或 <选择对象>：拾取图 4-41 所示的 K 点（作为尺寸标注的第一点）

指定第二条尺寸界线原点：拾取图 4-41 所示的 B 点（作为尺寸标注的第二点）

指定尺寸线位置或 [ 多行文字（M）/ 文字（T）/ 角度（A）/ 水平（H）/ 垂直（V）/ 旋转（R）]：拾取 C 点（作为尺寸的放置位置）

标注文字 = 30

轴左端长度尺寸 30mm 标注完成，如图 4-41 所示。用同样的方法完成轴零件主视图中所有长度尺寸的标注。

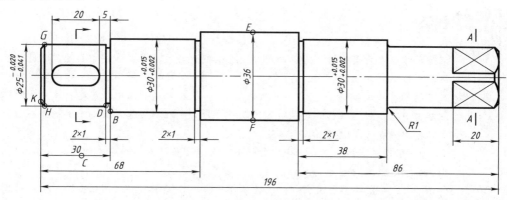

图 4-41　主视图尺寸标注

**提示**

　　"线性"标注命令既可用于标注图形中两点之间的水平或垂直距离，也可用于标注水平或垂直线段的长度。

　　如要标注水平或垂直线段的长度，在命令行提示"指定第一个尺寸界线原点或 < 选择对象 >："时，直接按 <Enter> 键，则启用"选择对象"方式，然后选择用于标注的水平或垂直线段，并在合适的位置处单击，确定好尺寸的放置位置即可。

（2）标注轴上的越程槽尺寸 启用"线性"标注命令后，按命令行提示做如下操作：

指定第一个尺寸界线原点或 < 选择对象 >：拾取图 4-41 所示的 B 点

指定第二条尺寸界线原点：拾取图 4-41 所示的 D 点

指定尺寸线位置或 [ 多行文字（M）/ 文字（T）/ 角度（A）/ 水平（H）/ 垂直（V）/ 旋转（R）]：
M √（启用"多行文字"输入，系统弹出如图 4-42 所示的"文字格式"设置栏和文字输入框）

图 4-42　"文字格式"设置栏和文字输入框

　　按键盘上的方向键 < → >，将光标移到文字输入框中数字"2"的右侧，输入"×1"，则文字输入框中将显示数字"2×1"，单击设置栏上的"确定"按钮或在文字输入框外单击，结束文字的输入，然后继续按命令行提示做如下操作：

指定尺寸线位置或 [ 多行文字（M）/ 文字（T）/ 角度（A）/ 水平（H）/ 垂直（V）/ 旋转（R）]：在合适的位置单击（作为尺寸的放置位置）

标注文字 = 2

　　轴左侧越程槽"2×1"的尺寸标注完成。用同样方法完成对轴右侧越程槽"2×1"的尺寸标注。

**提示**

　　1）上述标注采用的是"线性"标注命令中的"多行文字"方式，该方式也可以对原尺寸值进行覆盖输入，用户只需在图 4-42 所示的文字输入框中将原尺寸值"2"选中或直接将其删除，然后再输入"2×1"即可。注意：采用该方法可以实现对原尺寸值的替换（如将值"2"直接改成"3"），这在机械制图中对某些特殊尺寸的标注非常有用。但需注意的是，输入值及符号时必须在英文输入状态下进行，否则会导致输入不成功或出错。

　　2）采用"线性"标注命令中的"多行文字"方式时，如果工作界面有功能区，则操作时不出现图 4-42 所示的"文字格式"设置栏，而是在功能区中出现图 4-43 所示的"文字编辑器"选项卡，该选项卡与图 4-42 所示的"文字格式"设置栏功能是相同的，只是布局方式不同，个别按钮不同。但它们都有文字输入框，只是输入完成后原来是单击图 4-42 所示的"文字格式"设置栏上的"确定"按钮，改成单击"文字编辑器"选项卡右侧的按钮"√"，接下来的操作也相同。用户也可以不采用上述方式来结束文字输入，当输入完成后在文字输入框外单击即可，该操作对上述两种情形均适用。后面对所有采用"多行文字"方式的"线性"标注操作都采用没有功能区的工作界面来讲解。

图 4-43 "文字编辑器"选项卡

（3）标注主视图上的纯直径尺寸　轴零件主视图上的纯直径尺寸可继续采用"多行文字"方式的"线性"标注操作，启用"线性"标注命令后，按命令行提示做如下操作：

指定第一个尺寸界线原点或＜选择对象＞：拾取图 4-41 所示的 *E* 点

指定第二条尺寸界线原点：拾取图 4-41 所示的 *F* 点

指定尺寸线位置或 [多行文字（M）/文字（T）/角度（A）/水平（H）/垂直（V）/旋转（R）]：M✓（启用"多行文字"输入）

此时系统弹出如图 4-42 所示的文字输入框，将光标停在文字输入框中的文字"36"的左侧，直接输入字符串"%%C"，文字输入框的文字显示为"$\phi$36"，单击设置栏上的"确定"按钮，然后继续按命令行提示做如下操作：

指定尺寸线位置或 [多行文字（M）/文字（T）/角度（A）/水平（H）/垂直（V）/旋转（R）]：在合适的位置处单击（作为尺寸的放置位置）

标注文字 = 36

主视图轴上直径尺寸 $\phi$36mm 标注完成。

**提示**

在实际绘图中往往需要标注一些特殊的字符，如标注度（°）、± 和 $\phi$ 等。由于这些字符在键盘上没有对应的按键，因此 AutoCAD 2020 提供了相应的控制符，通过输入这些控制符可实现所需的标注，见表 4-1。

表 4-1　AutoCAD 2020 中常用的标注控制符

| 控制符 | 功能 |
| :---: | :---: |
| %%O | 打开或关闭文字上划线 |
| %%U | 打开或关闭文字下划线 |
| %%D | 标注度（°）符号 |
| %%P | 标注正负公差（±）符号 |
| %%C | 标注直径（$\phi$）符号 |

（4）标注主视图含公差直径尺寸　主视图含公差直径尺寸的标注可继续采用"多行文字"方式的"线性"标注操作，启用"线性"标注命令后，按命令行提示做如下操作：

指定第一个尺寸界线原点或＜选择对象＞：拾取图 4-41 所示的 *G* 点

指定第二条尺寸界线原点：拾取图 4-41 所示的 *H* 点

指定尺寸线位置或 [多行文字（M）/文字（T）/角度（A）/水平（H）/垂直（V）/旋转（R）]：M✓（启用"多行文字"输入）

系统弹出如图 4-42 所示的"文字格式"设置栏和文字输入框，将光标停在文字输入框中的文字"25"的左侧，直接输入字符串"%%C"，文字输入框的文字显示为"$\phi$25"，按键盘上的

方向键 < → >，将光标移到数字"25"的右侧，输入"-0.020^-0.041"，如图 4-44 所示，选中字符"-0.020^-0.041"，单击设置栏上的"堆叠"按钮 ，再单击右侧的"确定"按钮，然后继续按命令行提示做如下操作：

指定尺寸线位置或 [ 多行文字（M）/ 文字（T）/ 角度（A）/ 水平（H）/ 垂直（V）/ 旋转（R）]：在合适的位置单击（作为尺寸的放置位置）

标注文字 = 25

主视图轴上直径尺寸 $\phi 25^{-0.020}_{-0.041}$ mm 标注完成。用同样的方法完成对轴零件主视图其余两处尺寸 $\phi 30^{+0.015}_{+0.002}$ mm 的标注。

图 4-44　"文字格式"设置栏中"公差"设置

（5）标注半径尺寸　由于图 4-41 所示的半径尺寸 $R1$ mm 的文字不是沿尺寸线方向放置的，即"文字对齐"方式不是"与尺寸线对齐"方式。文字 $R1$ 实际上是放置在水平引线上，此时的"文字对齐"方式是"ISO 标准"方式。因此需要对原有的"机械标注"样式进行适当处理后再使用。

启用"标注样式"命令，系统弹出如图 4-45a 所示的"标注样式管理器"对话框，在对话框左侧样式列表框内选中"机械标注"样式，再单击右侧的"替代"按钮，系统弹出"替代当前样式：机械标注"对话框，如图 4-45b 所示。在该对话框中打开"文字"选项卡，在选项卡"文字对齐"选项组中选中"ISO 标准"选项。单击"确定"按钮，系统返回到"标注样式管理器"对话框，此时在对话框左侧样式列表框内的"机械标注"样式下方多了一个"< 样式替代 >"，如图 4-45c 所示。最后单击"关闭"按钮，关闭对话框，该替代样式将被启用。

半径尺寸标注需要采用"半径"标注命令。该命令为新命令，启用该命令主要有以下几种方式：

1）功能区。单击功能区"默认"选项卡→"注释"面板→"半径"按钮。

2）工具栏。单击"标注"工具栏→"半径"按钮。

3）菜单栏。单击"标注"菜单栏→"半径"命令。

4）命令行。在命令行输入"DIMRADIUS"并按 <Enter> 键。

启用"半径"标注命令后，按命令行提示做如下操作：

选择圆弧或圆：在轴主视图的圆角弧线上单击

标注文字 = 1

指定尺寸线位置或 [ 多行文字（M）/ 文字（T）/ 角度（A）]：在合适的位置上拾取一点（确定尺寸线及文字的位置）

半径尺寸 $R1$ mm 标注完成，如图 4-41 所示。至此，主视图的所有尺寸均已标注齐全。

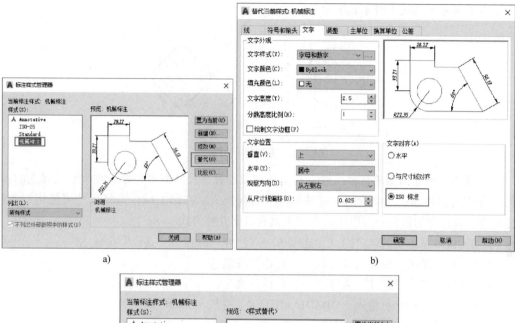

a)                                    b)

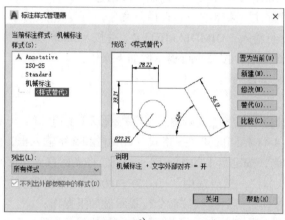

c)

图 4-45 "样式替代"操作

**提示**

1）图 4-45a 所示的"标注样式管理器"对话框中的"修改"按钮用于修改已有的标注样式，标注样式修改后，所有按该标注样式标注的尺寸（包括已经标注和将要标注的尺寸）均自动按修改后的标注样式进行更新。如需使用该功能，可单击该"修改"按钮，系统将弹出"修改标注样式：机械标注"对话框。此对话框与图 4-10 所示的"新建标注样式：机械标注"对话框及图 4-45b 所示的"替代当前样式：机械标注"对话框设置内容相同，用户可在该对话框中对已有的尺寸标注样式进行修改。

2）"标注样式管理器"对话框中的"替代"按钮用于设置当前样式的临时替代样式。它与"修改"按钮的不同之处在于：它仅对将要标注的尺寸有效，而不会对前期已标注好的尺寸产生影响，其操作方法上面已经做了讲解。

3）"比较"按钮用于比较两种标注样式的不同之处，"比较"操作较为简单，在此不再赘述。

2. 断面图尺寸标注（图4-46）

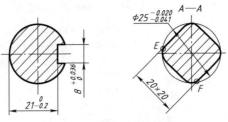

图4-46　断面图尺寸标注

（1）标注右侧断面图的直径尺寸　右侧断面图的直径尺寸数值是放置在水平引线上的，所以需继续使用圆角标注所设置的"机械标注"替代样式。在圆上标注直径尺寸要使用"直径"标注命令。该命令为新命令，启用该命令主要有以下几种方式：

1）功能区。单击功能区"默认"选项卡→"注释"面板→"直径"按钮 ⊘。

2）工具栏。单击"标注"工具栏→"直径"按钮 ⊘。

3）菜单栏。单击"标注"菜单栏→"直径"命令。

4）命令行。在命令行输入"DIMDIAMETER"并按 <Enter> 键。

启用"直径"标注命令后，按命令行提示做如下操作：

选择圆弧或圆：在要标注的圆上单击

标注文字 = 25

指定尺寸线位置或 [ 多行文字（M）/ 文字（T）/ 角度（A）]: M ✓（启用"多行文字"输入）

此时系统弹出与图4-44相同的"文字格式"设置栏和文字输入框，将光标停在文字输入框中的文字"φ25"的左侧，按键盘上的方向键 <→>，将光标移到文字输入框中数字"25"的右侧，输入"-0.020^-0.041"，然后选中"-0.020^-0.041"，单击设置栏上的"堆叠"按钮 ⅍，再单击右侧的"确定"按钮，然后继续按命令行提示做如下操作：

指定尺寸线位置或 [ 多行文字（M）/ 文字（T）/ 角度（A）]: 在图中合适的位置处单击（确定尺寸线方向角度）

标注后的结果如图4-47a所示，可以看出该尺寸与图4-46所示的形式不同。因为目前尺寸线的长度完全可以放得下尺寸数字，所以系统默认采用此种放置方式。如需调整，可以采用"夹点"操作。单击所注尺寸，则尺寸线上显示三个蓝色夹点，如图4-47b所示，再单击中部夹点使其变红，然后移动鼠标到该圆外部后单击，可将文字放置在外部，按下键盘上的 <Esc> 键，退出选择状态，结果如图4-47c所示。

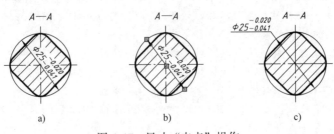

图4-47　尺寸"夹点"操作

**提示**

　　对于圆上直径尺寸的标注，如果在创建标注样式时，没有对"调整"选项卡中的"调整选项"选项组内的选项进行设置，此时，用户若想把尺寸数字置于圆内，标注时会出现如图 4-48a 所示的情形，尺寸线仅有一侧箭头，这样的标注是不合理的。要想达到如图 4-48b 所示的效果，必须重新进行设置，即在上述的样式替代设置中，将"调整"选项卡中的"调整选项"选项组内的"文字"单选项选中，如本单元任务二内的图 4-20 所示的设置。设置完成后再进行直径标注，即可获得图 4-48b 所示的效果。

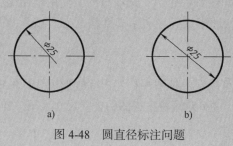

a) b)

图 4-48　圆直径标注问题

　　（2）标注右侧断面图中的"20×20"尺寸　右侧断面图中的"20×20"尺寸为倾斜结构的尺寸，其尺寸线是倾斜的，需要用到"对齐"标注命令。该命令为新命令，启用该命令主要有以下几种方式：

　　1）功能区。单击功能区"默认"选项卡→"注释"面板→"对齐"按钮 。

　　2）工具栏。单击"标注"工具栏→"对齐"按钮 。

　　3）菜单栏。单击"标注"菜单栏→"对齐"命令。

　　4）命令行。在命令行输入"DIMALIGNED"并按 <Enter> 键。

　　启用"对齐"标注命令后，按命令行提示做如下操作：

指定第一个尺寸界线原点或 < 选择对象 >：拾取图 4-46 所示的 $E$ 点

指定第二条尺寸界线原点：拾取图 4-46 所示的 $F$ 点

指定尺寸线位置或 [ 多行文字 (M)/ 文字 (T)/ 角度 (A)]：M ↙（启用"多行文字"输入）

　　此时，系统弹出文字输入框，按键盘上的方向键 < → >，将光标移到数字"20"的右侧，输入"×20"，再在输入框外单击，然后继续按命令行提示做如下操作：

指定尺寸线位置或 [ 多行文字（M）/ 文字（T）/ 角度（A）]：在图中合适的位置拾取一点作为尺寸线的放置位置。

　　至此，尺寸"20×20"标注完成。

　　（3）标注左侧断面图的尺寸　左侧断面图的尺寸不需要采用上述"机械标注"替代样式，为防止标注后的效果与图 4-46 不同，需要取消该替代样式。启用"标注样式"命令，系统弹出与图 4-45c 相同的"标注样式管理器"对话框。在对话框左侧样式列表框内选中"机械标注"样式，再单击右侧的"置为当前"按钮，则左侧"< 样式替代 >"项消失，同时原"机械标注"样式已设为当前样式。单击"关闭"按钮，关闭"标注样式管理器"对话框。

　　利用"线性"标注命令中的"多行文字"方式完成对左侧断面图中两个公差尺寸的标注，结果如图 4-46 所示。注意：断面图的两个公差尺寸标注类似于主视图上的公差尺寸标注，只是文字输入时无须输入字符串"%%C"（直径 $\phi$ ）。

### 二、端盖零件视图尺寸标注

由于端盖零件的尺寸偏小，如果直接采用前面创建的"机械标注"样式进行标注，则尺寸文字及箭头等相对图形而言显得偏大，图形与尺寸显得不协调，因此需要对原"机械标注"样式进行适当修改。启用"标注样式"命令，系统弹出与图 4-45a 相同的"标注样式管理器"对话框。单击对话框右侧的"修改"按钮，系统弹出"修改标注样式：机械标注"对话框。打开该对话框上的"调整"选项卡，该选项卡与图 4-20 所示的"调整"选项卡中的设置内容相同。此时在"标注特征比例"选项组的"使用全局比例"文本框中将比例值修改为"1.4"，即图中标注文字高度将变为"3.5"，最后单击"确定"按钮，完成标注样式修改操作。

端盖零件视图
尺寸标注

1. 主视图尺寸标注

利用"线性"标注命令可以在主视图中标注出除锥形沉孔外的所有尺寸，如图 4-49 所示。为了加深对尺寸设置的理解，这里对端盖主视图的公差尺寸采用"样式替代"方式进行标注。

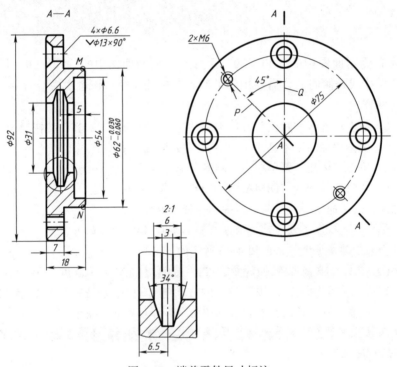

图 4-49　端盖零件尺寸标注

（1）标注公差尺寸

1）启用"标注样式"命令，系统弹出图 4-45a 所示的"标注样式管理器"对话框，在对话框左侧样式列表框内选中"机械标注"样式，再单击右侧的"替代"按钮，系统弹出"替代当前样式：机械标注"对话框。在该对话框中打开"主单位"选项卡，在"线性标注"选项组内的"前缀"文本框中输入"%%C"（即 $\phi$），如图 4-50 所示。

2）打开"公差"选项卡,在"公差格式"选项组中,将"方式"下拉列表框中的项设为"极限偏差"，将"精度"下拉列表框中的项设为"0.000"，在"上偏差"文本框中输入"-0.03"，在"下偏差"文本框中输入"0.06"，在"高度比例"文本框中输入"0.7"。在"消零"选项组中,取消勾选"后续"复选框。设置后的结果如图 4-51 所示。单击"确定"按钮,返回到"标注样式管理器"对话框,再单击"关闭"按钮,完成替代样式的创建。

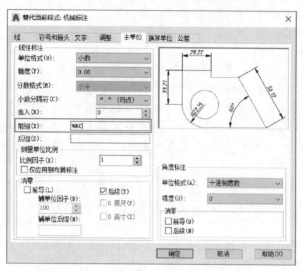

图 4-50　样式替代"主单位"选项卡设置

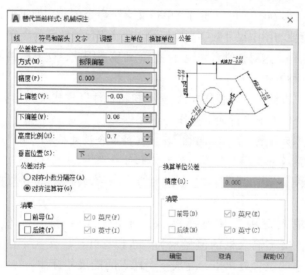

图 4-51　样式替代"公差"选项卡设置

3）启用"线性"标注命令, 按命令行提示做如下操作:

指定第一个尺寸界线原点或＜选择对象＞: 拾取图 4-49 所示的 M 点

指定第二条尺寸界线原点: 拾取图 4-49 所示的 N 点

指定尺寸线位置或 [ 多行文字（M）/ 文字（T）/ 角度（A）/ 水平（H）/ 垂直（V）/ 旋转（R）]: 在图中合适的位置拾取一点作为尺寸的放置位置

标注文字 = 62

至此, 端盖主视图中的公差尺寸的标注完成, 如图 4-49 所示。

**提示**

1）在"公差"选项卡中，系统默认上偏差符号为"+"号，下偏差符号为"-"号。若上、下偏差符号与默认符号同号，则输入数据时不要加上符号；当上、下偏差符号与默认符号相反时，输入数据前加"-"号。例如：本次标注中的下偏差为"-0.060"，与默认符号同号，输入值应为"0.06"；而上偏差为"-0.030"，与默认符号相反，输入值应为"-0.03"。

2）在"公差"选项卡中，"高度比例"用于设置公差文字高度相对于公称尺寸文字高度的比例，机械标注中通常设置成 0.6～0.7。

3）在"公差"选项卡中，"后续"复选框用于设置极限偏差值中小数点后末尾 0 的有无。例如：在本例中如果选中该复选框，则标注后所显示极限偏差值为"-0.03"和"-0.06"；取消勾选该复选框，则标注后显示极限偏差值为"-0.030"和"-0.060"。

4）用"文字输入"方式进行的"线性"和"直径"等命令的标注，均可采用"样式替代"方式来标注。

（2）标注锥形沉孔尺寸　对锥形沉孔的尺寸进行标注，AutoCAD 2020 并没有提供一个快捷的标注方式，需要进行一定的绘制才能完成，具体操作方法如下：

1）利用"直线"命令绘出尺寸引线，如图 4-52a 所示。

2）创建文字"$\phi 13 \times 90°$"，可以通过"单行文字"命令创建，但需要设置字体样式和高度，特别是创建的字体高度要与图中尺寸数字高度相同。要确定尺寸数字的高度，需要通过对尺寸样式中的有关参数分析来获得，这对初学者来说有一定的难度。因此，这里提供一种可以被初学者掌握并且也是比较方便的一种方式。

首先取消上面的"机械标注"替代样式，将"机械标注"样式置为当前样式，再启用"线性"标注命令，然后按命令行提示进行如下操作：

指定第一个尺寸界线原点或＜选择对象＞：在屏幕合适处拾取一点

指定第二条尺寸界线原点：在屏幕合适处拾取另一点

指定尺寸线位置或[多行文字（M）/文字（T）/角度（A）/水平（H）/垂直（V）/旋转（R）]：M✓

在弹出的文字输入框中采用覆盖输入，单击选中系统尺寸值，然后输入字符串"%%C13×90%%D"，文字输入框的值显示为"$\phi 13 \times 90°$"，在文字输入框外单击，结束输入操作，再在屏幕合适的位置处单击，完成一个两点间的尺寸标注。

利用"分解"命令将刚创建的两点间的尺寸分解，再利用"删除"命令删除不需要的部分，将剩下的"$\phi 13 \times 90°$"部分通过"移动"操作移动到图 4-52b 所示的位置。

图 4-52　锥形沉孔尺寸标注

3）利用上述方法完成引线上方文字"$4 \times \phi 6.6$"的创建，如图 4-52c 所示。

4）利用"直线"命令绘出锥形符号"⌄"，符号夹角为 90°，完成锥形沉孔的标注，如图 4-52d 所示。

2. 左视图尺寸标注

1）利用"直径"标注命令标注出图 4-49 所示的左视图中尺寸"$\phi 75$"。

2）标注"$2 \times M6$"尺寸。由于该尺寸值位于水平引线上，所以需要采用"机械标注"替代样式，设置效果如图 4-45b 所示。替代样式设置完成后，利用"直径"标注命令中的"多行文字"方式即可标注出尺寸"$2 \times M6$"，如图 4-49 所示。

3）左视图中的角度尺寸标注不能直接使用上面的替代样式，也不能直接使用"机械标注"样式，它要用新的样式替代方式进行处理，所以需取消上面的样式替代方式，重新设置"机械标注"替代样式。

启用"标注样式"命令，系统弹出如图 4-45c 所示的"标注样式管理器"对话框，在对话框左侧样式列表框内选中"机械标注"样式，然后单击右侧的"置为当前"按钮，再单击右侧的"替代"按钮，系统弹出"替代当前样式：机械标注"对话框。在该对话框中打开"文字"选项卡，在"文字位置"选项组内"垂直"下拉列表框中选择"外部"选项，在"文字对齐"选项组中选中"水平"选项，如图 4-53 所示。单击"确定"按钮，返回到"标注样式管理器"对话框，再单击"关闭"按钮，完成替代样式的创建。

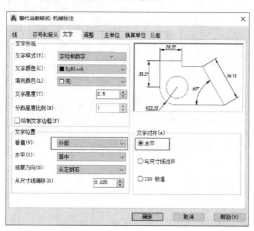

图 4-53　角度标注"文字"选项卡设置

角度标注需要使用"角度"标注命令来创建。该命令为新命令，启用该命令主要有以下几种方式：

1）功能区。单击功能区"默认"选项卡→"注释"面板→"角度"按钮△。

2）工具栏。单击"标注"工具栏→"角度"按钮△。

3）菜单栏。单击"标注"菜单栏→"角度"命令。

4）命令行。在命令行输入"DIMANGULAR"并按 <Enter> 键。

启用"角度"标注命令后，按命令行提示做如下操作：

选择圆弧、圆、直线或 < 指定顶点 >：拾取图 4-49 所示的 P 边

选择第二条直线：拾取图 4-49 所示的 Q 边

指定标注弧线位置或 [ 多行文字（M）/ 文字（T）/ 角度（A）/ 象限点（Q）]：在合适的位置拾取一点（作为标注尺寸的位置）

标注文字 = 45

至此，角度尺寸 45° 标注完成，如图 4-49 所示。

## 【拓展】倒角标注

　　零件图中的倒角尺寸可以在文字技术要求中加以说明，也可以标注在视图上，如图4-54a所示。如果将倒角尺寸标注在视图上，可以采用前面标注锥形沉孔的方法来标注。这里采用另一种方式来标注，即使用"标注引线"命令来标注，在AutoCAD 2020中，该命令在菜单栏、功能区及工具栏中是不显示的，所以通常采用输入命令的方式来启用。具体操作如下：

　　1）在命令行输入"标注引线"命令"QLEADER"或"QL"并按\<Enter\>键，按命令行提示做如下操作：

指定第一个引线点或[设置(S)]\<设置\>：✓（按\<Enter\>键执行\<\>内容）

　　2）系统弹出"引线设置"对话框，打开"注释"选项卡，选中"注释类型"选项组中的"多行文字"单选项，其余默认，如图4-55所示。

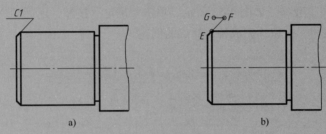

图4-54　倒角尺寸标注

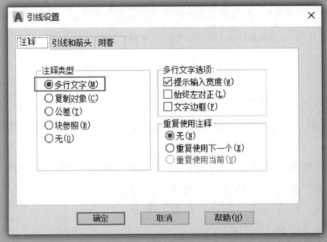

图4-55　倒角标注的"注释"选项卡设置

　　3）打开"引线设置"对话框中的"引线和箭头"选项卡，在"箭头"下拉列表框中选择"无"选项，其余默认，如图4-56所示。

　　4）打开"引线设置"对话框中的"附着"选项卡，选中"最后一行加下划线"复选框，如图4-57所示。

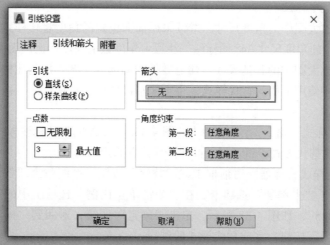

图 4-56　倒角标注的"引线和箭头"选项卡设置

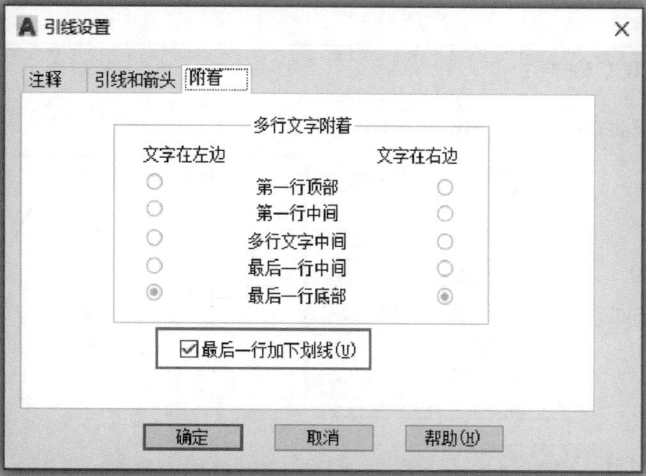

图 4-57　倒角标注的"附着"选项卡设置

5）单击"确定"按钮，返回绘图界面，继续按命令行提示做如下操作：

指定第一个引线点或 [设置 (S)] <设置>：拾取图 4-54b 所示的 E 点（引线起点）

指定下一点：拾取图 4-54b 所示的 F 点（引线第二点，保证线段 EF 与轴线成 45°）

指定下一点：拾取图 4-54b 所示的 G 点（引线第三点，线段 FG 为水平线，长度要短）

指定文字宽度 <0>：✓（按 <Enter> 键默认操作）

输入注释文字的第一行 <多行文字（M）>：C1 ✓

输入注释文字的下一行：✓（结束命令）

至此，倒角尺寸标注完成，结果如图 4-54a 所示。需要注意的是，倒角标注中的文字样式、大小与当前设置的标注样式是关联的，要使倒角标注中的文字样式、大小与当前尺寸中的文字样式、大小一致，就必须将该尺寸标注样式置为当前样式。

**3. 局部放大图尺寸标注**

（1）标注局部放大图中的角度尺寸 继续采用前面设置的角度替代样式，用"角度"命令完成对局部放大图中的角度尺寸34°的标注。注意：角度数值与图形比例无关。

（2）标注局部放大图中的其他尺寸 端盖零件的局部放大图采用的比例为2:1，除角度外的其他尺寸不能直接使用上面的替代样式，也不能直接使用"机械标注"样式，需要用新的样式替代方式进行标注。

1）启用"标注样式"命令，系统将弹出与图4-45c所示相同的"标注样式管理器"对话框。首先取消上面的样式替代方式，将"机械标注"样式置为当前样式。

2）单击"标注样式管理器"对话框中的"替代"按钮，系统弹出"替代当前样式：机械标注"对话框。打开"主单位"选项卡，在"测量单位比例"选项组中的"比例因子"文本框中输入比例值"0.5"，如图4-58所示。单击"确定"按钮，返回到"标注样式管理器"对话框，再单击"关闭"按钮，完成替代样式的创建。

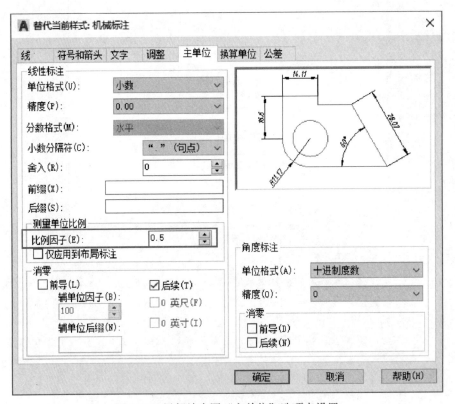

图4-58 局部放大图"主单位"选项卡设置

3）利用"线性"标注命令完成对局部放大图中的三个线性尺寸3mm、6mm和6.5mm的标注，如图4-49所示。至此，整个端盖零件视图的尺寸标注完成。

**【拓展】零件图的尺寸编辑**

在对零件进行标注时，有些尺寸的标注可能不符合要求，往往需要进行编辑处理，为此 AutoCAD2020 提供了相应的尺寸编辑的功能。

1. 修改尺寸文字

操作要求：将图 4-59a 所示的尺寸 25mm 修改为图 4-59b 所示的尺寸 $\phi$25f7。

（1）利用"特性"对话框修改　"特性"命令为新命令，启用该命令主要有以下几种方式：

1）功能区。单击功能区"默认"选项卡→"特性"面板右下角按钮 ⬇️。

2）工具栏。单击"标准"工具栏→"特性"按钮 🖼️。

3）命令行。在命令行输入"PROPERTIES"并按 <Enter> 键。

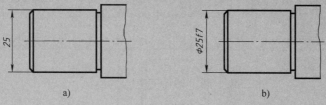

a)　　　　　　　　　　　　　b)

图 4-59　"特性"命令修改尺寸数字操作

操作时先选择要修改的尺寸 25mm，然后启用"特性"命令，系统打开"特性"对话框，如图 4-60 所示。

a)　　　　　　　　　　　　　b)

图 4-60　利用"特性"对话框修改

方法一：在对话框中的"文字"选项组，找到"文字替代"文本框，在该文本框中输入字符"%%C25f7"，如图 4-60a 所示，关闭"特性"对话框，并按 <Esc> 键退出该尺寸的选择状态，结果如图 4-59b 所示，此时 $\phi$25f7 替代了原来的尺寸 25mm。

　　方法二：在对话框中的"主单位"选项组也可以修改本例尺寸，即在"标注前缀"文本框中输入"%%C"，在"标注后缀"文本框中输入"f7"即可，如图4-60b所示，关闭"特性"对话框，并再按<Esc>键退出选择状态，结果如图4-59b所示。

　　注意："特性"对话框选项组几乎包含了"尺寸样式管理器"中各选项卡内的设置参数，用户可进行多种标注样式的修改，包括公差、角度标注等。

　　（2）双击尺寸文字进行修改　双击图4-59a所示的尺寸数字"25"，系统弹出"文字格式"设置栏和文字输入框，如图4-61所示。此时将光标停在尺寸值"25"的左侧，直接输入字符串"%%C"，文字输入框的值显示为"φ25"，按键盘上的方向键<→>，将光标移到文字输入框中数字"25"的右侧，输入"f7"。单击"文字格式"设置栏的"确定"按钮，则将原尺寸25改成了φ25f7。

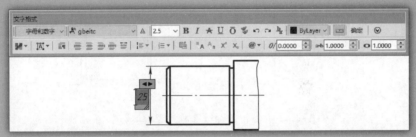

图4-61　双击尺寸文字修改操作

　　注意：该"文字格式"设置栏操作和前面尺寸标注中采用的"多行文字"方式弹出的"文字格式"设置栏操作是相同的。

　　2.调整尺寸标注位置

　　（1）调整尺寸文字位置　操作要求：将图4-62a所示的尺寸文字"φ25"向上移动到图4-62c所示的位置。

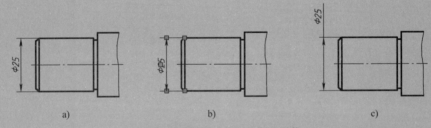

a)　　　　　　　　b)　　　　　　　　c)

图4-62　调整尺寸文字位置操作

　　选中尺寸文字"φ25"，此时该尺寸上将出现5个蓝色夹点，如图4-62b所示。单击文字上的夹点，则此夹点将变成红色，向上移动鼠标将尺寸文字移到图4-62c所示的位置，然后单击确定尺寸文字的放置位置，再按<Esc>键退出选择状态，结果如图4-62c所示。

　　（2）调整尺寸线位置　操作要求：将图4-63a所示的尺寸线向右侧移动到图4-63c所示的位置。

　　选中尺寸文字"φ25"，此时该尺寸上出现5个蓝色夹点，如图4-63b所示。单击文字上的夹点，则此夹点将变成红色，向右移动鼠标，将尺寸移到图4-63c所示的位置，然后单击确定尺寸线的放置位置，再按<Esc>键退出选择状态，结果如图4-63c所示。

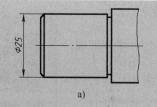 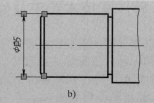 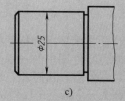

a)　　　　　　　b)　　　　　　　c)

图 4-63　调整尺寸线位置操作

（3）调整尺寸界线位置　操作要求：将图 4-64a 所示的尺寸界线原点移动到图 4-64c 所示的位置。

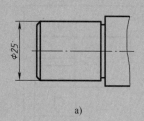 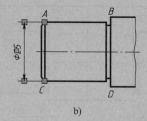 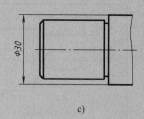

a)　　　　　　　b)　　　　　　　c)

图 4-64　调整尺寸界线位置操作

选中尺寸文字"$\phi25$"，此时该尺寸上出现 5 个蓝色夹点，如图 4-64b 所示。单击上方尺寸界线原点 A 处的夹点，则此夹点将变成红色，移动鼠标至图 4-64b 所示的 B 点处单击，则上方尺寸界线原点由 A 点移动到 B 点。用同样的方法将下方尺寸界线原点由 C 点移动到 D 点，然后按 <Esc> 键退出选择状态，完成尺寸界线位置的调整，结果如图 4-64c 所示。

3. 改变尺寸界线角度

操作要求：将图 4-65a 所示的尺寸界线修改成图 4-65b 所示的效果。

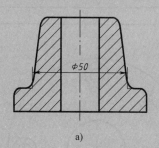 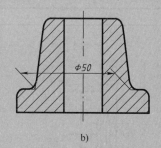

a)　　　　　　　b)

图 4-65　改变尺寸界线角度操作

改变尺寸界线角度需要采用"倾斜"标注命令。该命令为新命令，启用该命令主要有以下几种方式：

1）功能区。单击功能区"注释"选项卡→"标注"面板→"倾斜"按钮 ⌐⌐。

2）菜单栏。单击"标注"菜单栏→"倾斜"命令。

3）命令行。在命令行输入"DIMEDIT"并按 <Enter> 键。

启用"倾斜"标注命令后，按命令行提示做如下操作：

输入标注编辑类型 [ 默认（H）/ 新建 (N)/ 旋转 (R)/ 倾斜 (O)] <默认>：O ✓

选择对象：选择图 4-65a 所示的 $\phi50$mm 尺寸

选择对象：✓（结束选择）

输入倾斜角度（按 Enter 表示无）：-45 ✓

此时，$\phi50$mm 的尺寸界线产生了倾斜，如图 4-65b 所示。

# 任务五　零件图技术要求及标题栏注写

零件图技术要求和标题栏也是零件图的重要组成部分，本任务将对前面的轴和端盖零件图中的技术要求和标题栏进行标注或填写。零件图的技术要求包括尺寸公差、几何公差和表面粗糙度等，如图4-66所示，其中尺寸公差的标注在上一个任务中已经讲解，这里就不再赘述。

**一、几何公差标注**

在前面的轴和端盖零件图中，只有端盖零件图中有几何公差的要求，如图4-66b所示。几何公差标注包含几何公差代号标注及基准代号标注两部分。

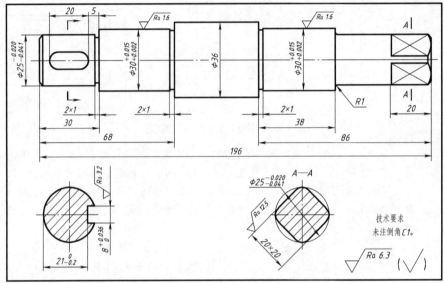

a)

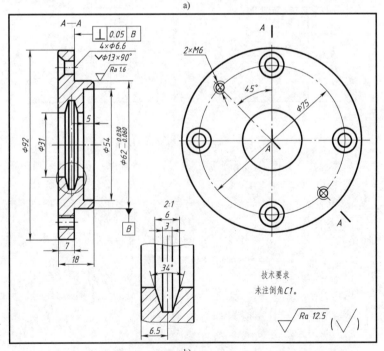

b)

图4-66　零件图的技术要求

**1.几何公差代号标注**

对图 4-66b 所示的几何公差代号的标注，采用"标注引线"命令最为简便。"标注引线"命令在前面的倒角标注中已经使用过。

1）在命令行输入"QLEADER"并按 <Enter> 键，按命令行提示做如下操作：

指定第一个引线点或 [设置（S）]<设置>：↙（按 <Enter> 键执行 < > 内容）

2）系统弹出"引线设置"对话框，打开"注释"选项卡，选中"注释类型"选项组中的"公差"选项，其余默认，如图 4-67a 所示。

3）打开"引线和箭头"选项卡，在"箭头"下拉列表框中选择"实心闭合"选项，其余默认，如图 4-67b 所示。

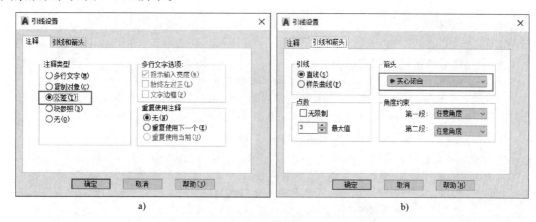

a)                                          b)

图 4-67　几何公差代号标注中的引线设置

4）单击"引线设置"对话框中的"确定"按钮，返回绘图窗口，继续按命令行提示做如下操作：

指定第一个引线点或 [设置（S）]<设置>：拾取图 4-68 所示的 P 点（引线起点）

指定下一点：拾取图 4-68 所示的 Q 点（引线第二点）

指定下一点：↙（结束点的输入，这里不要输入引线第三点）

5）系统弹出图 4-69 所示的"形位公差"对话框，单击"符号"文字下的黑框■，系统弹出"特征符号"对话框，选择垂直度公差符号"⊥"，如图 4-70 所示。

6）系统返回到"形位公差"对话框，然后在"公差 1"区下的文本框中输入"0.05"，在

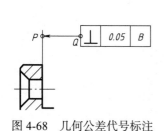

图 4-68　几何公差代号标注

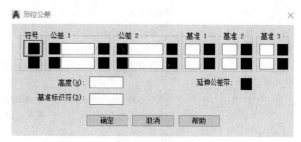

图 4-69　"形位公差$^{⊖}$"无设置对话框

———————

⊖ 为与软件保持一致，此部分仍用"形位公差"一词。

"基准1"区下的文本框中输入"B"，如图4-71所示。单击"确定"按钮，完成该几何公差代号的标注。

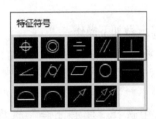

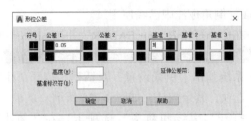

图4-70　"特征符号"对话框　　　　　　图4-71　"形位公差"设置效果

**提示**

　　1）如果要对几何公差 ⊚ Φ0.01 A 进行标注，其中公差值"φ0.01"中"φ"是通过对图4-69所示的"形位公差"对话框进行设置获得的，即单击该对话框中的"公差1"区下的黑框■，该黑框中就会出现需要的直径"φ"符号。

　　2）几何公差代号标注中的文字样式、文字及引线箭头的大小与当前设置的标注样式是关联的，要使几何公差代号标注中的文字样式、文字及引线箭头的大小与当前尺寸标注中的相关参数一致，就必须将该尺寸标注样式置为当前样式。

　　3）如果单击"标注"工具栏上"公差"按钮⊞1，或单击功能区"注释"选项卡→"标注"面板→"公差"按钮⊞1，或单击"标注"菜单栏→"公差"命令，采用该命令所创建的几何公差代号是不含引线和箭头的，还需要用"多重引线"或其他命令来补充箭头和引线，可见这种操作较为复杂。

**2. 基准代号标注**

基准代号的创建也是利用"标注引线"命令最为简便。

1）在命令行输入"QLEADER"并按 <Enter> 键，按命令行提示做如下操作：

指定第一个引线点或 [设置（S）]<设置>：✓（按 <Enter> 键执行 <> 内容）

2）系统弹出一个"引线设置"对话框，打开"注释"选项卡，选中"注释类型"选项组中的"公差"单选项，如图4-67a所示。

3）打开"引线和箭头"选项卡，在"箭头"下拉列表框中选择"实心基准三角形"选项，如图4-72所示。

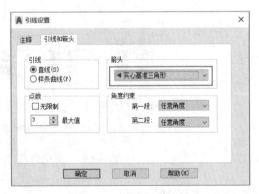

图4-72　基准代号设置

4）单击"引线设置"对话框中的"确定"按钮，返回绘图窗口，继续按命令行提示做如下操作：

指定第一个引线点或 [设置（S）] <设置>：在绘图区合适的位置处拾取一点（引线起点）

指定下一点：水平移动光标在合适的位置处再拾取一点（引线第二点）

指定下一点：✓（结束点的输入，这里也不要输入引线第三点）

5）系统将弹出"形位公差"对话框，在"基准1"区下的文本框中输入"B"，如图4-73所示。单击"确定"按钮，出现如图4-74a所示的水平基准代号。

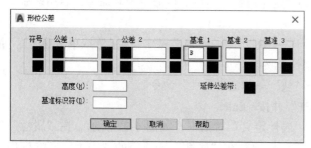

图4-73 基准代号中"形位公差"的设置

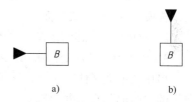

a) b)

图4-74 基准代号创建效果

6）利用"分解""旋转"和"移动"命令对上面的水平基准代号进行编辑，得到如图4-74b所示的竖直基准符号。

7）利用"移动"命令，将创建的竖直基准符号移动到端盖零件图上的合适位置处，如图4-66b所示。端盖零件图中几何公差的标注完成。

**提示**

水平基准代号（图4-74a）可以直接创建，但竖直基准代号（图4-74b）不能直接创建，因为按命令行提示操作后所获得的图形不是所需的竖直基准代号图形，会出现如图4-75所示的情形。

图4-75 直接创建竖直基准代号出现的情形

## 二、表面粗糙度标注

零件图中的表面粗糙度标注可以通过创建块和插入块操作来完成。

1. 创建粗糙度块

（1）绘制表面粗糙度符号及参数代号

1）用绘图命令绘制如图4-76a所示的表面粗糙度符号，下部为等边三角形，尺寸"$h$"为尺寸数字高度，这里取尺寸数字高度为5mm，即$h = 5$mm。上部水平线的长度约为$3h$。

2）用"单行文字"命令，在图4-76b所示的位置创建文字"$Ra$"，文字样式为"字母和数字"，高度为5mm。如果创建文字的位置不合适，可以通过"移动"命令做适当调整。

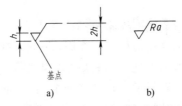

图 4-76　表面粗糙度符号及参数代号

（2）定义块属性　定义块属性要用到"定义属性"命令。该命令为新命令，启用该命令主要有以下几种方式：

1）功能区。单击功能区"默认"选项卡→"块"面板→"定义属性"按钮 或单击功能区"插入"选项卡→"块定义"面板→"定义属性"按钮 。

2）菜单栏。单击"绘图"菜单栏→"块"→"定义属性"命令。

3）命令行。在命令行输入"ATTDEF"并按 <Enter> 键。

启用"定义属性"命令，系统弹出"属性定义"对话框，如图 4-77 所示。在"属性"选项组的"标记"文本框中输入"CCD"作为标记；在"属性"选项组的"提示"文本框中输入文字"输入粗糙度值"（作为提示信息）；在"属性"选项组的"默认"文本框中输入"1.6"（作为默认的表面粗糙度值）。在"文字设置"选项组的"对正"下拉列表框中选择"左上"样式；在"文字设置"选项组的"文字样式"下拉列表框中选择"字母和数字"样式；在"文字设置"选项组的"文字高度"文本框中输入文字高度"5"。

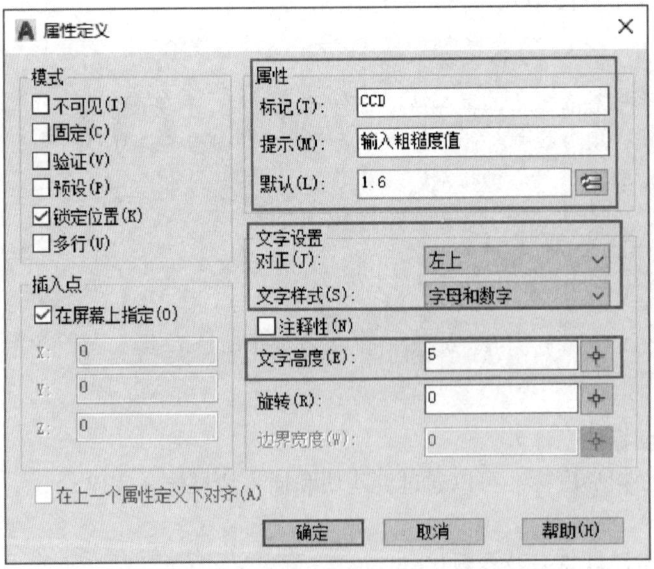

图 4-77　设置"属性定义"对话框

"属性定义"对话框中的其余内容采用默认设置，单击"确定"按钮，系统返回到绘图窗口，此时鼠标处将显示内容为"CCD"文字，移动鼠标至表面粗糙度参数代号"*Ra*"的右侧，然后在合适的位置处单击，最终效果为 $\sqrt{Ra\,CCD}$ 。

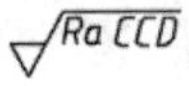

**提示**
　　图 4-77 所示的"属性定义"对话框中"属性"选项组的"默认"文本框用于输入表面粗糙度的一个值，该输入值可以取表面粗糙度标准值中的任何一个值，但用户如果把零件图中标注最多的那个表面粗糙度值作为输入值，可提高标注速度。另外，要注意对话框中的"文字设置"选项组的"文字样式"及"文字高度"应与当前尺寸标注中的字体样式、大小一致。

　　（3）创建粗糙度块　粗糙度块可以用"创建块"命令创建，也可以用"写块"命令创建。用"写块"命令创建的块不仅可被当前的图形文件单独调用，也可被其他图形文件单独调用，且所创建的块是以文件形式存于磁盘中，因此这里选用"写块"命令来创建。该命令为新命令，启用该命令主要有以下两种方式：
　　1）功能区。单击功能区"插入"选项卡→"块定义"面板→"写块"按钮。
　　2）命令行。在命令行输入"WBLOCK"并按 <Enter> 键。
　　启用"写块"命令后，系统弹出如图 4-78 所示的"写块"对话框。单击对话框中"拾取点"按钮，系统返回到绘图窗口，在屏幕上拾取图 4-76 所示的基点，即表面粗糙度符号中的三角形下部顶点，系统将返回到"写块"对话框。再单击对话框中"选择对象"按钮，系统又返回到绘图窗口，选取刚创建的图形 $\sqrt{Ra\,CCD}$ 作为块对象，按 <Enter> 键后系统再次返回到"写块"对话框。在对话框中的"插入单位"下拉列表框中选择"毫米"单位项。单击对话框中的"文件名和路径"文本框的右侧按钮，系统弹出"浏览图形文件"对话框。在该对话框中为要创建的块指定保存路径和名称，在"文件名"文本框中输入"粗糙度块"，如图 4-79 所示。单击"保存"按钮，系统再一次返回到"写块"对话框。此时，单击"写块"对话框上的"确定"按钮，完成粗糙度块的创建。

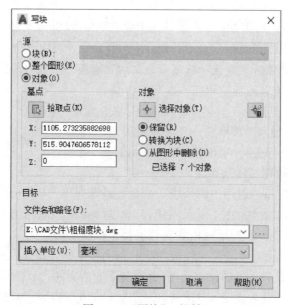

图 4-78　"写块"对话框

图 4-79　"浏览图形文件"对话框

**提示**
　　创建粗糙度块还可以利用"创建块"命令，启用该命令可通过单击"绘图"菜单栏→"块"→"创建"命令，或单击"绘图"工具栏中的"创建块"按钮，或单击功能区"插入"选项卡→"块定义"面板→"创建块"按钮，或在命令行输入"BLOCK"并按 <Enter> 键等方式。由该命令创建的粗糙度块想要被其他图形文件调用，则使用"插入块"命令时，不是单独调入某个具体的粗糙度块，而是调入含有该粗糙度块的文件中的所有块，然后选择其中的粗糙度块。"创建块"命令的操作设置与"写块"命令的操作设置基本相同，但不需要对创建的块设置保存路径。

2. 插入粗糙度块

（1）"插入块"命令的启用方式　在零件图中插入粗糙度块，实际上就是对零件图进行表面粗糙度标注，它需要使用"插入块"命令。该命令为新命令，启用该命令主要有以下几种方式：

1）功能区。单击功能区"默认"选项卡→"块"面板→"插入块"按钮，或单击功能区"插入"选项卡→"块"面板→"插入块"按钮。

2）工具栏。单击"绘图"工具栏→"插入块"按钮。

3）菜单栏。单击"插入"菜单栏→"块选项板"命令。

4）命令行。在命令行输入"INSERT"并按 <Enter> 键。

（2）轴零件图中表面粗糙度的标注

1）设置"块"选项板。启用"插入块"命令，系统弹出"块"选项板，如图 4-80 所示。单击"过滤"下拉列表框右侧的按钮，系统弹出"选择图形文件"对话框。根据创建的"粗糙度块"文件的保存路径，在对话框中找到并选择"粗糙度块"文件，如图 4-81 所示，单击"打开"按钮，系统将返回到"块"选项板。此时选项板中的"其他图形"选项卡被打开，选项板上部出现"粗糙度块"文件的保存路径，并在其下方的文件列表框中显示该文件名；在"插入选项"选项组下选中"插入点"及"旋转"复选框。至此，选项板的设置完成，结果如图 4-80 所示。

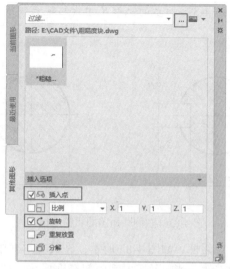

图 4-80　轴零件图"块"选项板设置

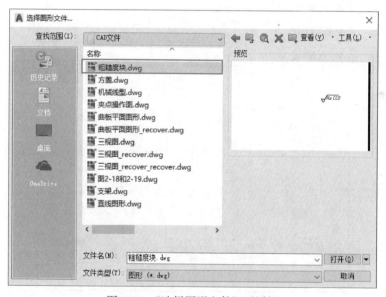

图 4-81　"选择图形文件"对话框

**提示**

"块"选项板共有"当前图形""最近使用"和"其他图形"三个选项卡。如果软件没有进行过有关的块文件操作，那么在上部文件列表框中没有任何块文件显示。"当前图形"用于显示当前文件中所存在的块文件，"最近使用"用于显示系统最近使用的块文件，"其他图形"用于显示其他文件中的块文件。

2) 利用"块"选项板进行标注。单击选项板文件列表框中的"粗糙度块"文件，移动鼠标到零件图中需要进行标注的位置，根据命令行提示做如下操作：

指定插入点或 [基点（B）/比例（S）/X/Y/Z/旋转（R）]：在图 4-82a 所示的上部尺寸线的延长线拾取一点 M（作为插入点）

指定旋转角度 <0>：在图 4-82a 所示的上部尺寸线的延长线拾取另一点 N（用于指定旋转的角度）

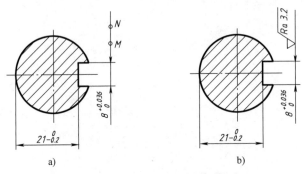

图 4-82　左侧断面图的粗糙度标注

系统弹出"编辑属性"对话框，如图 4-83 所示。在其文本框中输入表面粗糙度值"3.2"，单击"确定"按钮，完成轴零件左侧断面图的表面粗糙度标注，结果如图 4-82b 所示。

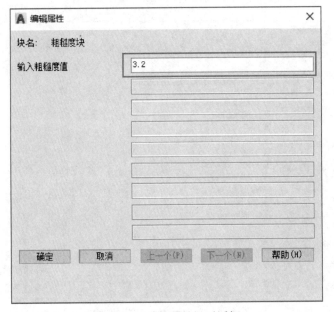

图 4-83　"编辑属性"对话框

左侧断面图的表面粗糙度标注完成后，"块"选项板仍然保持刚才的设置状态，如图 4-80 所示，可以继续对轴零件图中的其他位置进行表面粗糙度的标注，具体标注位置如图 4-66a 所示。待整个轴零件图中的表面粗糙度均标注完成后，再单击图 4-80 所示的"块"选项板上右上角的"关闭"按钮 ⊠，关闭选项卡。

（3）端盖零件图中表面粗糙度的标注　启用"插入块"命令，系统弹出"块"选项板，选项板显示的界面与图 4-80 所示的内容一致，此时选项板的"其他图形"选项卡已存在"粗糙度块"文件。在"插入选项"选项组的"比例类型"下拉列表框中选择"统一比例"项，比例值设为"0.7"，如图 4-84 所示。选项板中的其他设置与轴零件图中的设置相同。选项板设置完成后，接下来标注表面粗糙度做法与轴零件图相同，标注后的结果如图 4-66b 所示。

图 4-84　端盖零件图"块"选项板设置

 **【技巧】粗糙度块的插入比例值是如何确定的**？

　　粗糙度块的插入比例由所标注零件图的尺寸数字高度和所创建的粗糙度块在"属性定义"中的文字高度这两项决定。这里端盖零件的尺寸数字高度为 3.5mm，而创建的粗糙度块在"属性定义"中的文字高度为 5mm，则插入比例 = 3.5mm ÷ 5mm=0.7。

### 三、文字技术要求及标题栏的填写

#### 1. 书写文字技术要求

　　文字技术要求可以用"单行文字"命令书写，但所创建的文字的行与行之间是独立的，不利于文字的排版。而采用"多行文字"命令来创建文字技术要求时则没有这种排版问题。"多行文字"命令为新命令，启用该命令主要有以下几种方式：

　　1）功能区。单击功能区"默认"选项卡→"绘图"面板→"多行文字"按钮 **A**。

　　2）工具栏。单击"绘图"工具栏→"多行文字"按钮 **A**。

　　3）菜单栏。单击"绘图"菜单栏→"文字"→"多行文字"命令。

　　4）命令行。在命令行输入"MTEXT"并按 <Enter> 键。

　　启用"多行文字"命令后，按命令行提示做如下操作：

当前文字样式："Standard"文字高度：2.5 注释性：否

指定第一角点：在绘图窗口拾取一点（作为第一角点）

指定对角点或 [ 高度（H）/ 对正（J）/ 行距（L）/ 旋转（R）/ 样式（S）/ 宽度（W）/ 栏（C）]：在绘图窗口拾取另一点（作为对角点）

　　此时绘图窗口将弹出"文字格式"设置栏和文字输入框。在设置栏中选择文字样式为"工程汉字"，设置文字高度为"5"后按 <Enter> 键。注意：输入高度值后一定要按 <Enter> 键，否则文字输入框中的文字高度不会发生相应改变。然后在文字输入框中输入相应的文字，当一行文字输入完成后，按 <Enter> 键进行下一行输入，如图 4-85 所示，文字输入完成后，单击"文字格式"设置栏右上角的"确定"按钮，完成文字技术要求的创建。

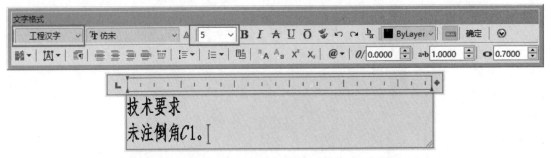

图 4-85 "多行文字"命令创建文字

**提示**

　　启用"多行文字"命令所弹出的输入界面和尺寸标注中的"多行文字"方式下出现的输入尺寸值的界面是一样的，实际上两者的作用是相同的，都是输入多行文字。另外，采用"多行文字"命令创建文字，如果工作界面有功能区，则操作时不出现图 4-85 所示的"文字格式"设置栏，而是在功能区中出现"文字编辑器"选项卡，这一点与尺寸标注中的"多行文字"方式下的情形也是一样的，如图 4-43 所示。

**2. 填写标题栏**

标题栏中有关信息的填写可采用"单行文字"或"多行文字"命令来创建，创建方法同前。至此，整个零件图的绘制完成。

**【单元细语】规于矩，范于行**

　　本单元各个任务中都有一个共性内容，即"规范性"。只有按制图规范绘制出的零件图样才便于看图、加工和交流，同时也能提高绘图的效率。"规范性"不仅存在于绘图方面，同样也存在于日常的职业行为中，即职业道德规范。职业道德规范不仅是从业人员在职业活动中的行为要求，更是对社会所承担的道德责任和义务。它规定人们"不应该"做什么，"应该"做什么、怎么做。不同职业有不同的职业道德规范，社会上的职业千差万别，职业道德规范也各具特色，但最基本的职业道德规范是相同的，那就是：

　　一、爱岗敬业，忠于职守

　　二、诚实守信，宽厚待人

　　三、办事公道，服务群众

　　四、以身作则，奉献社会

　　五、勤奋学习，开拓创新

# 练一练

1. 绘制如图 4-86 ~ 图 4-88 所示的零件图。

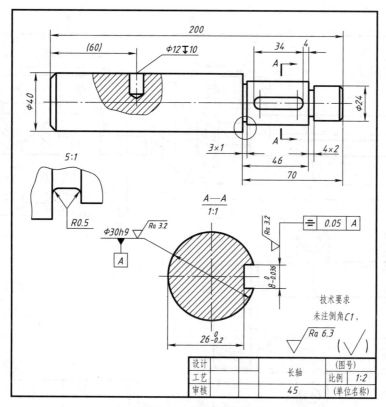

图 4-86　长轴零件图

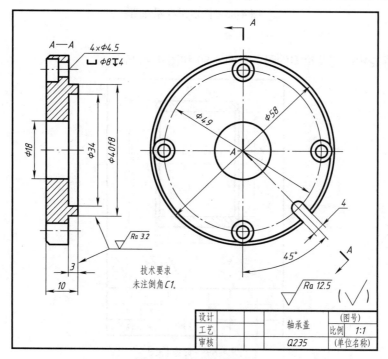

图 4-87　轴承盖零件图

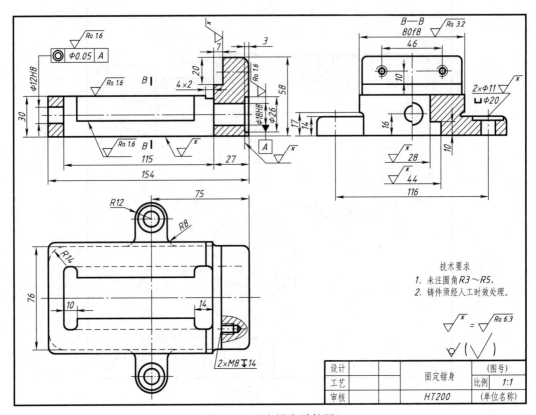

图 4-88　固定钳身零件图

2. 绘制导轮中的套及轮零件图，如图 4-89 和图 4-90 所示。

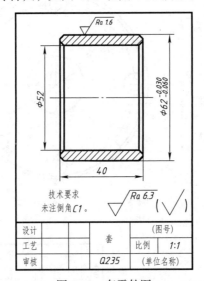

图 4-89　套零件图

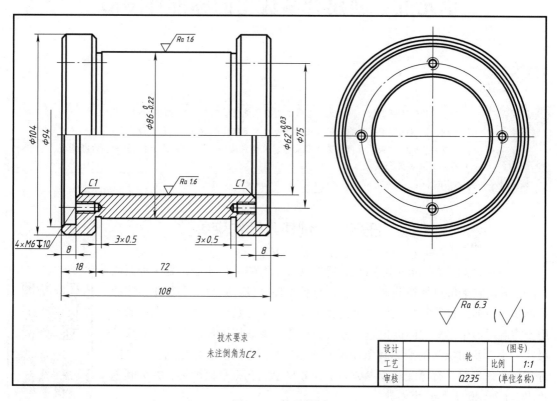

图 4-90　轮零件图

# 单元五  创建含参数化的标准件图形

## 学习导航

| 学习目标 | 掌握创建几何约束参数及标注约束参数的方法，能够绘制含参数化的标准件图形。 |
| --- | --- |
| 学习重点 | 几何约束参数的创建、标注约束参数的创建以及参数化的标准件图形创建。 |
| 相关命令 | 自动约束、删除约束、几何约束工具命令、几何约束的显示与隐藏、约束设置、推断约束、标注约束工具命令和参数管理器。 |
| 建议课时 | 4~6 课时。 |

## 任务一  创建几何约束参数

参数化绘图是在 AutoCAD 2010 版本以后新增的一大功能，是一种新的绘图模式。它能够更加精确地实现设计意图，提高设计效率。参数化绘图的关键是为图形添加所需的几何约束参数和标注约束参数。其中几何约束参数用于控制图形中对象之间的位置关系，标注约束参数用于控制图形中对象的尺寸大小以及对象间的距离和角度等。图 5-1 所示为孔板参数化图形，它既有几何约束参数又有标注约束参数。本任务将绘制孔板平面图形，并为其创建图 5-1 所示的几何约束参数。

创建孔板平面
图形几何
约束参数

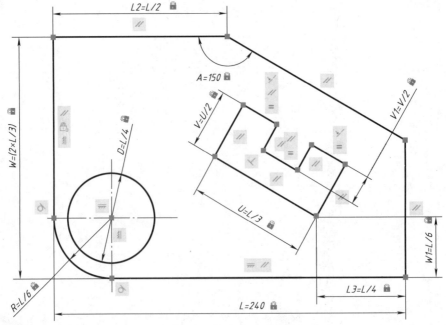

图 5-1  孔板参数化图形

**一、绘制图形外轮廓**

1）根据分析，本次绘图需采用 A3 图幅。单击快速访问工具栏上的"新建"按钮，系统弹出"选择样板"对话框,在对话框中选择"A3 机械样板"文件,单击"打开"按钮,完成样板文件的调用。再单击快速访问工具栏上的"保存"按钮🖫,在弹出的"图形另存为"对话框中,将文件命名为"孔板参数化图形",单击"保存"按钮,关闭对话框。

2)利用"直线"及"圆角"命令绘出图形外轮廓,如图 5-2 所示。

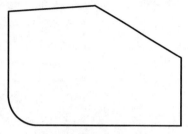

图 5-2 绘制图形外轮廓

## 二、为图形外轮廓添加自动约束

"自动约束"在创建几何约束中非常有用。它可以根据所选择对象的位置情况,自动为其添加几何约束。"自动约束"命令为新命令,启用该命令主要有以下几种方式:

1)功能区。单击功能区"参数化"选项卡→"几何"面板→"自动约束"按钮🗗。

2)工具栏。单击"参数化"工具栏→"自动约束"按钮🗗。

3)菜单栏。单击"参数"菜单栏→"自动约束"命令。

4)命令行。在命令行输入"AUTOCONSTRAIN"并按 <Enter> 键。

启用"自动约束"命令后,按命令行提示做如下操作:

选择对象或[设置(S)]: 指定对角点:用"窗选"或"窗交"方式选中绘制的全部轮廓

选择对象或[设置(S)]: ↙(结束选择)

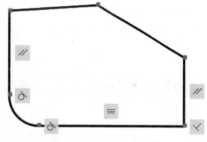

图 5-3 添加自动约束

此时系统为所选中对象添加了重合、相切、平行、水平和垂直约束,其约束标记分别为▪、⌒、∥、▦ 和 ﹤,如图 5-3 所示。注意:重合标记为蓝色的正方形,比其他标记要小。

**【技巧】关于"自动约束"操作**

1)图形绘制后先利用"自动约束"方式将其约束,可提高创建几何约束工作的效率。

2)绘制轮廓时,要尽量做到所绘制的轮廓形状及大小与实际形状及大小保持一致,可防止约束过程中图形发生变形,而图形一旦出现变形情况往往会增加图形处理的工作量。

## 三、删除和添加单一几何约束

1. 删除单一几何约束

图 5-3 所示的垂直约束在图 5-1 中是没有的,因此需将其删除。将鼠标放在垂直约束标记 ﹤ 上,该约束将加亮显示,右击弹出快捷菜单,如图 5-4 所示,选择"删除"命令,则该几何约束被删除。

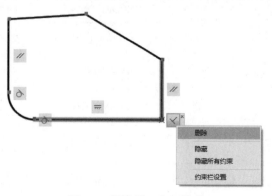

图 5-4 删除单一几何约束

**【拓展】删除对象上的约束**

除上述采用右击方式删除对象上的约束外，也可采用"删除约束"命令来删除。该命令为新命令，启用该命令主要有以下几种方式：

1）功能区。单击功能区"参数化"选项卡→"管理"面板→"删除约束"按钮。

2）工具栏。单击"参数化"工具栏→"删除约束"按钮。

3）菜单栏。单击"参数"菜单栏→"删除约束"命令。

4）命令行。在命令行输入"DELCONSTRAIN"并按 <Enter> 键。

启用"删除约束"命令后，按命令行提示做如下操作：

选择对象：选择一个或多个图形对象

选择对象：✓（结束选择）

执行上述操作后，被选中的图形对象上的所有约束都将被删除。注意：如果被选中的图形对象上有尺寸约束，采用该命令后其尺寸约束也将被删除。

2. 添加单一几何约束

（1）启用几何约束工具命令的方法　除了自动为图形添加约束外，AutoCAD 2020 还提供了 12 种几何约束工具命令供用户调用。几何约束工具命令的按钮、名称及功能见表 5-1。各个几何约束工具命令的调用方法是相同的，主要有以下几种方式。

表 5-1　几何约束工具命令的按钮、名称及功能

| 按钮 | 中文名称 | 英文名称 | 功能 |
|---|---|---|---|
| | 重合 | GCCOINCIDENT | 约束两个点，使其重合，或约束一个点，使其位于对象或对象延长部分的任意位置 |
| | 共线 | GCCOLLINEAR | 约束两条直线，使其位于同一条无限长的线上 |
| | 同心 | GCCONCENTRIC | 约束选定的圆、圆弧或椭圆，使其有相同的圆心点 |
| | 固定 | GCFIX | 约束一个点或一条曲线，使其固定在相对于世界坐标系的特定位置和方向上 |
| | 平行 | GCPARALLEL | 约束两条直线，使其互相平行 |
| | 垂直 | GCPERPENDICULAR | 约束两条直线或多段线线段，使其夹角始终保持为 90° |
| | 水平 | GCHORIZONTAL | 约束一条直线或一对点，使其与当前 UCS 的 $X$ 轴平行 |
| | 竖直 | GCVERTICAL | 约束一条直线或一对点，使其与当前 UCS 的 $Y$ 轴平行 |
| | 相切 | GCTANGENT | 约束两条曲线，使其彼此相切或其延长线彼此相切 |
| | 平滑 | GCSMOOTH | 约束一条样条曲线，使其与其他样条曲线、直线、圆弧或多段线彼此相连，并保持 G2 连续性 |
| | 对称 | GCSYMMETRIC | 约束对象上的两条曲线或两个点，使其以选定直线为对称轴彼此对称 |
| | 相等 | GCEQUAL | 约束两条直线，使其具有相同的长度，或约束圆弧和圆，使其具有相同的半径值 |

1）功能区。单击功能区"参数化"选项卡→"几何"面板→约束工具按钮。

2）工具栏。单击"参数化"工具栏→约束工具按钮。

3）菜单栏。单击"参数"菜单栏→"几何约束"→几何约束工具命令。

4）命令行。在命令行输入约束工具命令并按 <Enter> 键。

在这几种方式中，采用功能区"参数化"选项卡操作更直观一些，便于初学者使用。

**提示**

在添加几何约束时，两个对象的选择顺序将决定对象怎样去更新。通常，所选的第二个对象会根据第一个对象进行变化调整。

（2）利用几何约束工具命令添加约束

1）单击功能区"参数化"选项卡→"几何"面板→"固定"约束工具按钮，然后选择图形轮廓的左上角点，完成该点的固定约束。

2）单击功能区"参数化"选项卡→"竖直"约束工具按钮，然后选择图形轮廓的左侧直线，完成该直线的竖直约束。

3）单击功能区"参数化"选项卡→"平行"约束工具按钮，然后先选择图形轮廓的下部直线作为第一个对象，再选择图形轮廓的上部直线作为第二个对象，完成两直线的平行约束。

通过约束工具命令添加上述约束后，结果如图 5-5 所示。

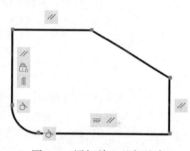

图 5-5　添加单一几何约束

**【拓展】几何约束标记的显示和隐藏**

在 AutoCAD 2020 中，系统提供了对几何约束标记进行显示和隐藏操作的多种方式。

1."显示和隐藏"几何约束命令操作

启用"显示和隐藏"几何约束命令，主要有以下几种方式：

1）功能区。单击功能区"参数化"选项卡→"几何"面板→"显示和隐藏"几何约束按钮。

2）工具栏。单击"参数化"工具栏→"显示和隐藏"几何约束按钮。

3）菜单栏。单击"参数"菜单栏→"约束栏"→"选择对象"命令。

4）命令行。在命令行输入"CONSTRAINTBAR"并按 <Enter> 键。

启用"显示和隐藏"几何约束命令后，按命令行提示做如下操作：

选择对象：选择需要的图形对象

选择对象：✓（结束选择）

输入选项 [ 显示（S）/ 隐藏（H）/ 重置（R）]< 显示 >：如果直接按 <Enter> 键将执行 <> 内容，则显示被选中对象的约束标记；如果输入"H"并按 <Enter> 键，则隐藏被选中对象的约束标记

2."全部显示"几何约束命令操作

启用"全部显示"几何约束命令，主要有以下几种方式：

1）功能区。单击功能区"参数化"选项卡→"几何"面板→"全部显示"几何约束按钮。

2）工具栏。单击"参数化"工具栏→"全部显示"几何约束按钮。

　　3）菜单栏。单击"参数"菜单栏→"约束栏"→"全部显示"命令。

　　4）命令行。在命令行输入"SHOWALL"并按<Enter>键。

　　启用"全部显示"几何约束命令后，绘图窗口中所有图形的几何约束全部被显示。

　　3."全部隐藏"几何约束命令操作

　　启用"全部隐藏"几何约束命令，主要有以下几种方式：

　　1）功能区。单击功能区"参数化"选项卡→"几何"面板→"全部隐藏"几何约束按钮 。

　　2）工具栏。单击"参数化"工具栏→"全部隐藏"几何约束按钮 。

　　3）菜单栏。单击"参数"菜单栏→"约束栏"→"全部隐藏"命令。

　　4）命令行。在命令行输入"HIDEALL"并按<Enter>键。

　　启用"全部隐藏"几何约束命令后，绘图窗口中所有图形的几何约束全部被隐藏。

　　4.快捷菜单中的隐藏操作

　　在需要隐藏的约束标记上右击，弹出快捷菜单，如图5-4所示，如果选择"隐藏"命令，则该约束标记被隐藏；如果选择"隐藏所有约束"命令，则绘图窗口中所有图形的几何约束全部被隐藏。

　　5."约束设置"对话框设置约束的显示类型

　　"约束设置"对话框可以设置何种约束能够被显示。打开该对话框主要有以下几种方式：

　　1）功能区。单击功能区"参数化"选项卡→"几何"面板右下角按钮 。

　　2）工具栏。单击"参数化"工具栏→"约束设置"按钮 。

　　3）菜单栏。单击"参数"菜单栏→"约束设置"命令。

　　4）状态栏。在"推断约束"按钮 上右击后选择"推断约束设置"命令。

　　5）快捷菜单。在某个约束标记上右击后，选择"约束栏设置"命令。

　　采用上述任意一种方式都将启用如图5-6所示的"约束设置"对话框。打开"几何"选项卡，在"约束栏显示设置"选项组内可以设置哪种类型的约束在启用显示后会在图形中出现约束标记，在"约束栏透明度"选项组内可通过拖动滑块来设定透明度的值。

### 四、利用"推断约束"模式创建内部轮廓

　　1.启用或关闭"推断约束"模式

　　启用"推断约束"模式后，系统会自动把正在创建或编辑的对象和现有的其他对象之间应用几何约束。"推断约束"可通过单击状态栏上的"推断约束"按钮 来启用或关闭。用户也可以通过"约束设置"对话框来启用或关闭，如图5-6所示，在对话框中的"几何"选项卡中，选中"推断几何约束"复选框，然后单击对话框中的"确定"按钮，"推断约束"模式将被启用。

　　2.绘制内部圆和中心线

　　1）启用"推断约束"模式后，利用"圆"命令及对象捕捉功能捕捉外轮廓圆角的圆心作为要绘制圆的圆心，绘制出一个内部圆，此时内部圆的圆心和圆角的圆心出现一个重合约束，如图5-7所示。

　　2）利用"直线"命令绘出圆的水平中心线和竖直中心线，其中水平中心线上会产生水平约束标记，竖直中心线会产生竖直约束标记，如图5-8所示。

图 5-6　"约束设置"对话框"几何"选项卡

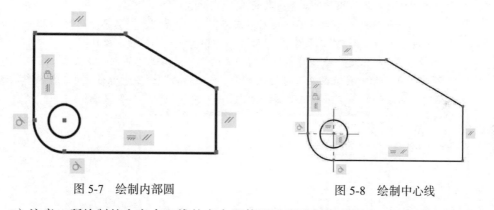

图 5-7　绘制内部圆　　　　　　　　　　　　　图 5-8　绘制中心线

3）注意：所绘制的十字中心线的交点即使通过所绘制圆的圆心，也不会与圆心产生重合约束，需要通过约束工具命令来创建。单击功能区"参数化"选项卡→"几何"面板→"重合"约束工具按钮└，根据命令行提示，选择第一个点或[对象（O）/自动约束（A）]＜对象＞：然后拾取水平中心线的中点，再在所绘圆的圆周上单击，则圆心与水平中心线的中点重合。用同样的方法将圆心与竖直中心线的中点设为重合。

**提示**

对于直线来说，能够产生约束的要素有直线本身、直线的端点和中点。如果要选择的约束要素是直线的端点或中点，当鼠标靠近直线的端点或中点时会显示点的捕捉标记⊗。注意：约束操作中各种点的捕捉标记都是⊗，圆心也是如此。需捕捉圆心时，应在圆心对应的圆弧上单击，即可捕获其圆心。

**3. 绘制内部"凹"字形槽轮廓**

继续在"推断约束"模式下绘出内部"凹"字形槽轮廓，如图 5-9 所示，删除"凹"字形槽轮廓上与要求不符合的垂直约束，然后为其添加所需约束，结果如图 5-10 所示。注意：线段 *AB* 和 *EF* 共线且与线段 *GH*、*CD* 和 *MN* 互相平行，线段 *AB*、*CD* 和 *EF* 长度相等，线段 *AG*、

*BC*、*ED* 和 *FH* 互相平行，线段 *BC* 垂直于线段 *CD*。

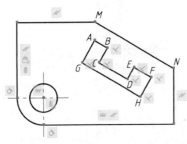
图 5-9　绘制内部"凹"字形槽轮廓

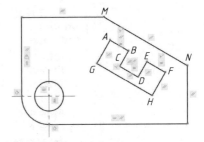
图 5-10　"凹"字形槽轮廓约束处理

 **【技巧】关于"自动约束"和"推断约束"**

　　1）"自动约束"和"推断约束"实际上都含有"自动推断"操作。"自动推断"操作就是自行判断是否存在某种约束条件。"自动约束"是在图形绘制完成后进行"自动推断"操作，而"推断约束"是在图形绘制过程中进行"自动推断"操作。两者在"自动推断"操作方面是一致的。

　　2）"自动推断"操作不支持对"交点""最近点"和"象限点"等特征点的操作，也不支持"固定""平滑""对称"和"相等"等几何约束操作。

　　3）"自动推断"操作对各种几何约束的判断是有优先级的。该优先级可通过对图 5-11 所示的"约束设置"对话框中的"自动约束"选项卡进行设置，即选中该选项卡上的某种约束，然后单击右侧的"上移"或"下移"按钮来调整。

图 5-11　"自动约束"选项卡

# 任务二　创建标注约束参数

　　标注约束用于控制图形中对象的尺寸大小以及对象间的距离、角度等，所以又被称为尺寸约束。此类约束可以是数值，也可以是变量及方程式。本任务将对已绘制的含有几何约束参数的孔板平面图形创建标注约束参数，如图 5-12 所示，完成整个孔板平面图形参数化的绘制。

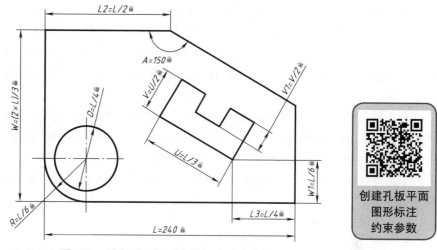

图 5-12　孔板平面图形中的标注约束参数

## 一、标注约束工具命令的启用

AutoCAD 2020 提供了标注约束工具命令，可为图形对象添加标注约束。标注约束工具命令有"线性""角度""半径"和"直径"等，其使用方法和常规的尺寸标注类似。标注约束工具命令的按钮、名称及功能见表 5-2。

表 5-2　标注约束工具命令的按钮、名称及功能

| 按钮 | 中文名称 | 英文名称 | 功　　　能 |
|------|----------|----------|-----------|
|      | 线性 | DCLINEAR | 约束两点之间的水平或垂直距离 |
|      | 水平 | DCHORIZONTAL | 约束两点之间的水平距离 |
|      | 垂直 | DCVERTICAL | 约束两点之间的垂直距离 |
|      | 对齐 | DCALIGNED | 约束两点之间的直线距离 |
|      | 半径 | DCRADIUS | 约束圆和圆弧的半径 |
|      | 直径 | DCDIAMETER | 约束圆和圆弧的直径 |
|      | 角度 | DCANGULAR | 约束直线间的夹角、圆弧的圆心角和三个点构成的角度 |

所有的标注约束工具命令的启用方式是相同的，主要有以下几种方式：

1）功能区。单击功能区"参数化"选项卡→"几何"面板→标注约束工具按钮。

2）工具栏。单击"参数化"工具栏→标注约束工具按钮。

3）菜单栏。单击"参数"菜单栏→"标注约束"→标注约束工具命令。

4）命令行。在命令行输入标注约束工具命令并按 <Enter> 键。

在这几种方式中，采用功能区"参数化"选项卡操作更直观一些，便于初学者使用。

## 二、选用标注约束模式

AutoCAD 2020 为标注约束提供了两种模式，即动态约束模式和注释性约束模式。采用动

态约束模式，标注后的外观效果由系统预定义的对象标注样式决定，可以对其采用显示或隐藏操作，但不能修改，且不能被打印。在进行显示操作时，无论是图形放大还是缩小，动态约束参数将保持相同的外观显示尺寸。采用注释性约束模式，标注后的外观效果由当前的标注样式决定，可以修改，也能被打印。在进行图形缩放显示操作时，注释性约束参数的外观显示保持同步变化。

动态约束模式和注释性约束模式两者都有一定的使用场合，如果图形的标注约束不需要打印，则采用动态约束模式较为方便；如果图形的标注约束需要打印，则需要采用注释性约束模式。本任务将采用注释性约束模式来添加标注约束。

单击功能区"参数化"选项卡→"标注"面板→"注释性约束模式"按钮，注释性约束模式被启用。

### 三、添加标注约束

1）将"机械标注"样式设为当前标注样式。注意：采用注释性约束模式进行的约束标注与当前标注样式有关。

2）将圆的十字中心线所在的图层关闭，不显示十字中心线，如图 5-13 所示。注意：这一步非常关键，如果不关闭，那么标注约束在选择点时会优先选择光标附近的开放端点，即不与其他对象相连接的端点。

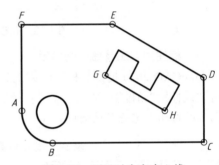

图 5-13　不显示十字中心线

3）单击功能区"参数化"选项卡→"几何"面板→"线性"标注约束工具按钮，分别拾取图 5-13 所示的 A、C 两点作为尺寸的第一和第二约束点，再在合适的位置处拾取一点作为尺寸线的位置，此时出现如图 5-14 所示的尺寸文本框，在该文本框中重新输入约束名称和约束值"$L=240$"并按 <Enter> 键，完成 A、C 两点的尺寸约束标注，如图 5-15 所示。

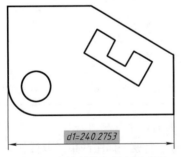

图 5-14　"线性"标注约束操作

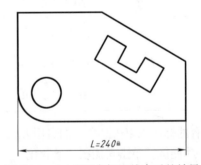

图 5-15　A、C 两点标注约束后的效果

**提示**

在图 5-14 所示的尺寸文本框中，"="号前为约束名称，"="号后为约束值，约束值可以是数值也可以是表达式。用户可以不改变约束名称，以系统给定的名称来命名所创建的标注约束，如"$d1$""$d2$""角度 1"和"角度 2"等。

这里创建的标注约束同时显示约束名称和约束值。它是标注约束显示的一种方式，即"名称和表达式"方式。标注约束显示方式共有"名称""值"和"名称和表达式"三种，其中"名称"显示方式仅显示约束名称，而"值"显示方式则仅显示约束值。用户可以通过图 5-6 所示的"约束设置"对话框来设置，具体做法是：打开该对话框中的"标注"选项卡，再单击"标注约束格式"选项组内的"标注名称格式"下拉列表框，如图 5-16 所示，然后选择所需的显示方式，最后单击对话框中的"确定"按钮即可。

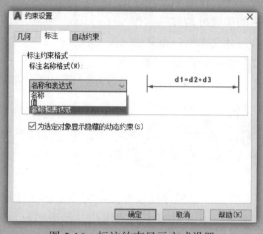

图 5-16 标注约束显示方式设置

4）单击功能区"参数化"选项卡→"几何"面板→"线性"标注约束工具按钮，分别拾取图 5-13 所示的 $B$、$F$ 两点作为尺寸的第一和第二约束点，再在合适的位置处拾取一点作为尺寸线的位置，然后在尺寸文本框中重新输入约束名称和约束值"$W=(2*L)/3$"并按 <Enter>键，完成 $B$、$F$ 两点标注约束的标注，如图 5-17 所示。

5）利用"线性"标注约束工具命令，参照上述做法，对其他所有需要进行线性约束的地方按图 5-12 所示的要求进行标注，结果如图 5-18 所示。

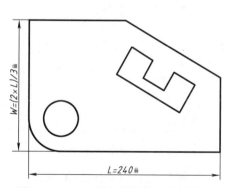

图 5-17 $B$、$F$ 两点标注约束后的效果

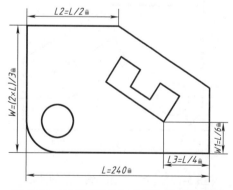

图 5-18 所有"线性"约束标注后的效果

6）创建角度尺寸替代样式。单击"标注"工具栏中的"标注样式"按钮，系统弹出"标注样式管理器"对话框。在对话框左侧选中"机械标注"样式，再单击右侧的"替代"按钮，系统弹出"替代当前样式"对话框，在该对话框中打开"文字"选项卡，在"文字位置"

选项组的"垂直"下拉列表框中选择"外部"选项，在"文字对齐"选项组中选中"水平"选项。单击"确定"按钮返回到"标注样式管理器"对话框，再单击"关闭"按钮，完成角度替代样式的创建。

7）单击功能区"参数化"选项卡→"几何"面板→"角度"标注约束工具按钮 ，分别拾取图 5-13 所示的 *EF* 和 *ED* 两直线，作为角度尺寸的第一和第二直线，再在合适的位置处拾取一点作为角度尺寸线的位置，然后在尺寸文本框中重新输入约束名称和约束值"*A*=150"并按 <Enter> 键，完成"角度"标注约束的标注，如图 5-19 所示。

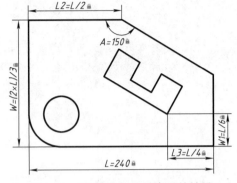

图 5-19 "角度"标注约束后的效果

**提示**

在 AutoCAD 2020 的标注约束中，不支持用"%%D""%%C"等字符串来表示度数（°）及直径（*ϕ*）等。

8）取消角度替代样式，将原"机械标注"样式设为当前标注样式。单击功能区"参数化"选项卡→"几何"面板→"半径"标注约束工具按钮 ，拾取图形左下角的圆角，再在合适的位置处拾取一点作为半径尺寸线的位置，在尺寸文本框中重新输入约束名称和约束值"*R*=*L*/6"并按 <Enter> 键，然后利用夹点操作对尺寸文本位置进行调整，完成"半径"标注约束的标注，如图 5-20 所示。

9）单击功能区"参数化"选项卡→"几何"面板→"直径"标注约束工具按钮 ，拾取图形左下角的圆，再在合适的位置处拾取一点作为直径尺寸线的位置，在尺寸文本框中重新输入约束名称和约束值"*D*=*L*/4"并按 <Enter> 键，然后利用夹点操作对尺寸文本位置进行调整，完成"直径"标注约束的标注，如图 5-21 所示。

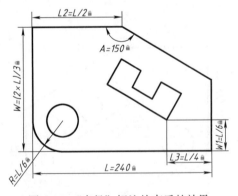

图 5-20 "半径"标注约束后的效果

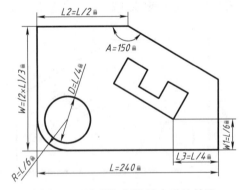

图 5-21 "直径"标注约束后的效果

10）单击功能区"参数化"选项卡→"几何"面板→"对齐"标注约束工具按钮 ，分别拾取图 5-13 所示的 *G*、*H* 两点作为尺寸的第一和第二约束点，再在合适的位置拾取一点作为尺寸线的位置，在尺寸文本框中重新输入约束名称和约束值"*U*=*L*/3"并按 <Enter> 键，完成 *G*、*H* 两点"对齐"标注约束的标注，结果如图 5-22 所示。

11）用同样的方法对其他所有需要进行"对齐"约束标注的地方按图 5-12 所示的要求进行标注，如图 5-23 所示。

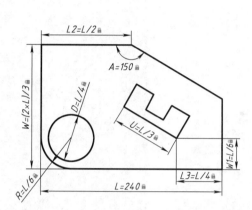

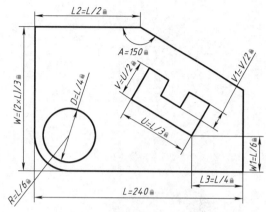

图 5-22　G、H 两点"对齐"约束标注后的效果　　　图 5-23　所有"对齐"标注约束后的效果

12）打开中心线所在的图层，把图形中被隐藏的中心线显示出来，结果如图 5-12 所示，完成对孔板平面图形添加标注约束。

**【拓展】参数管理器**

　　参数管理器是标注约束管理的常用工具。它既可以显示标注约束的名称、表达式和数值等参数，也可以对这些参数进行创建、编辑和修改。

　　1."参数管理器"命令的启用

　　启用"参数管理器"命令，主要有以下几种方式：

　　1）功能区。单击功能区"参数化"选项卡→"管理"面板→"参数管理器"按钮 fx。

　　2）工具栏。单击"参数化"工具栏→"参数管理器"按钮 fx。

　　3）菜单栏。单击"参数"菜单栏→"参数管理器"命令。

　　4）命令行。在命令行输入"PARAMETERS"并按 <Enter> 键。

　　启用"参数管理器"命令后，系统弹出"参数管理器"对话框，如图 5-24 所示。

　　2.利用"参数管理器"修改参数

　　在"参数管理器"对话框中，双击其中的名称和表达式，可以对其进行编辑，这一功能很有用。例如：在进行产品设计时，可能在同一个产品中含有多个形状结构相似的零件，利用参数管理器这一编辑功能则可以大大提高设计效率。此时用户只需要设计出其中的一个零件，并将其 CAD 文件另存为其他零件的文件名，然后通过"参数管理器"对话框对其进行编辑即可。如需将图形打印并按标准图样要求输出，即图样上的尺寸约束不能是表达式而是数值，那么只要在"参数管理器"对话框中将表达式参数全部换成右侧对应列的值，并将标注约束显示方式设成"值"显示方式即可。

　　3.利用"参数管理器"新建和删除参数

　　（1）新建参数　在"参数管理器"对话框中，用户可以通过创建用户参数来控制表达式输入。单击对话框上部"创建新的用户参数"按钮 fx，对话框中将增加"用户参数"区和一行参数，然后对其进行编辑即可，如图 5-25 所示，其中所设用户参数的作用是保证尺寸约束参数"L"和"W"的乘积等于"CJ"。

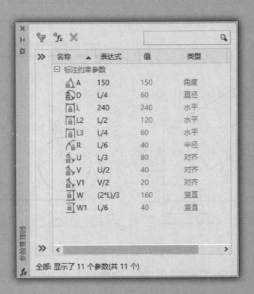

图 5-24　"参数管理器"对话框

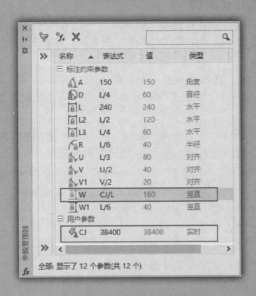

图 5-25　创建用户参数

（2）删除参数　在"参数管理器"对话框中，选中需要删除的参数行，然后右击，在弹出的快捷菜单中选择"删除"命令，可以删除标注约束参数或用户参数。

4.数学表达式

在"参数管理器"对话框中的表达式内容可以是数值，也可以是数学表达式。数学表达式可以含有运算符和数学函数。数学表达式中使用的运算符见表5-3。数学表达式支持的函数见表5-4。

表 5-3　数学表达式中使用的运算符

| 运算符 | 说明 |
|---|---|
| + | 加 |
| − | 减或取负号 |
| * | 乘 |
| / | 除 |
| ^ | 求幂 |
| （ ） | 圆括号 |

表 5-4　数学表达式支持的函数

| 函数 | 语法 | 函数 | 语法 |
|---|---|---|---|
| 余弦 | cos（表达式） | 反余弦 | acos（表达式） |
| 正弦 | sin（表达式） | 反正弦 | asin（表达式） |
| 正切 | tan（表达式） | 反正切 | atan（表达式） |
| 平方根 | sqrt（表达式） | 幂函数 | pow（表达式 1，表达式 2） |
| 对数，基数为 e | ln（表达式） | 指数函数，底数为 e | exp（表达式） |
| 对数，基数为 10 | lg（表达式） | 指数函数，底数为 10 | exp10（表达式） |
| 将角度转换为弧度 | d2r（表达式） | 将弧度转换为角度 | r2d（表达式） |

# 任务三　创建螺钉及轴承参数化图形

标准件是制图标准对其结构、尺寸和技术要求等做了一系列规定的零件，是已经标准化、系列化的零件。标准件通常不需要画出它的零件图形，但在装配图中仍然需要将其画出。考虑到在机器或部件中通常含有许多标准件，如果每次绘制装配图都要将它们单独画出来是非常耗费时间的。因此，先绘制出参数化的标准件图形，然后在绘制装配图时将其调出，有助于提高装配图的绘制效率。

创建沉头螺钉<br/>参数化图形

标准件在装配图中通常采用制图标准规定的画法来绘制。本任务将创建沉头螺钉及深沟球轴承参数化图形。

## 一、创建沉头螺钉参数化图形

### 1.调用样板图并命名文件

单击快速访问工具栏上的"新建"按钮 ，弹出"选择样板"对话框。在对话框中选择"A4 机械样板"文件，单击"打开"按钮，完成样板文件的调用。再单击快速访问工具栏上的"保存"按钮 ，在弹出的"图形另存为"对话框中，将文件命名为"沉头螺钉"，单击"保存"按钮，关闭对话框。

### 2.绘制图形

沉头螺钉的简化画法如图 5-26 所示，其中尺寸

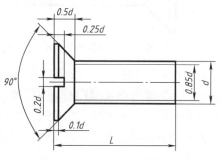

图 5-26　沉头螺钉的简化画法

$d$ 为螺钉的公称直径，$L$ 为螺钉的公称长度。这里根据 M10×30mm 的沉头螺钉进行绘制，即 $d$=M10、$L$=30mm。利用"直线""镜像""修剪"和"删除"命令并结合追踪操作完成沉头螺钉图形的绘制。

**提示**
建议读者最好按给定尺寸绘出螺钉图形，可为后面的约束标注减轻工作量。

3. 为图形添加几何约束

1）单击功能区"参数化"选项卡→"几何"面板→"自动约束"按钮，然后选中整个螺钉图形并按 <Enter> 键，完成对图形自动约束的添加，如图 5-27 所示。此时图中具有对称性的对象没有添加"对称"约束，通过"镜像"操作生成的下部螺纹小径线的两端点与两侧竖直轮廓线没有添加"重合"约束。

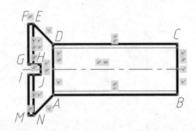
图 5-27 添加几何约束

**提示**
采用"镜像"操作时，当所要镜像的线段与镜像对称线不垂直且其端点与两侧线段为非端点连接时，该线段通过"镜像"操作所生成的线段不会因使用"自动约束"命令而在端点处产生"重合"约束。

2）单击功能区"参数化"选项卡→"几何"面板→"对称"约束工具按钮，然后选择图形中 *AB* 直线作为第一个对象，再选择图形中的 *CD* 直线作为第二个对象，最后选择中心线作为对称直线，即完成两直线（螺纹大径线）的对称约束，如图 5-28 所示。

3）继续利用"对称"约束工具命令完成图 5-27 所示的直线 *EF* 和 *MN*、*GH* 和 *IJ* 以及右侧两条水平细实线（螺纹小径线）对称约束，它们的对称直线均为中心线，如图 5-29 所示。

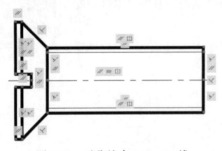
图 5-28 对称约束 *AB*、*CD* 线

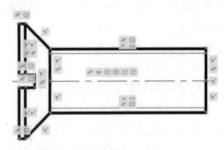
图 5-29 添加所有对称约束

4）单击功能区"参数化"选项卡→"几何"面板→"重合"约束工具按钮，根据命令行提示，选择第一个点或 [ 对象（O）/ 自动约束（A）] <对象>：按 <Enter> 键执行 < > 中的项，拾取螺钉图形右侧的竖直轮廓线，再拾取螺钉图形下部的螺纹小径线，则下部的螺纹小径线的右端点与右侧的竖直轮廓线重合。用同样的方法将下部的螺纹小径线的左端点与左侧的竖直轮廓线重合。

4. 为图形添加标注约束

1）单击功能区"参数化"选项卡→"几何"面板→"全部隐藏"几何约束按钮，选中全部约束后按 <Enter> 键，将图形中的约束标记全部隐藏，以方便后面的标注约束的添加。

2）单击功能区"参数化"选项卡→"标注"面板→"动态约束模式"按钮，启用动态约束模式标注。

3）利用"线性"标注约束工具命令，完成对螺钉图形标注约束的添加，如图 5-30 所示。注意：图中的"$fx:$"无须输入，它是系统自动生成的，乘号用 * 号输入。

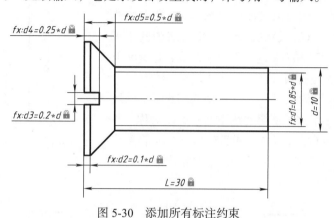

图 5-30　添加所有标注约束

至此，沉头螺钉参数化图形绘制完成，用户只需修改其中的参数 $d$ 和 $L$ 的值就可以得到对应的沉头螺钉图形。

**提示**

　　采用动态约束模式标注，AutoCAD 在功能区"参数化"选项卡→"标注"面板中提供了控制标注约束的隐藏和显示命令，其操作与控制几何约束隐藏和显示命令操作相似。

　　注意：标注约束的隐藏和显示命令操作仅在动态约束模式下有效，而在注释性约束模式下是无效的。

**二、创建深沟球轴承参数化图形**

1. 调用样板图并命名文件

单击快速访问工具栏上的"新建"按钮，弹出"选择样板"对话框，在对话框中选择"A4 机械样板"文件，单击"打开"按钮，完成样板文件的调用。再单击快速访问工具栏上的"保存"按钮，在弹出的"图形另存为"对话框中，将文件命名为"深沟球轴承"，单击"保存"按钮，关闭对话框。

创建深沟球轴承参数化图形

2. 绘制图形

深沟球轴承的规定画法如图 5-31 所示，其中尺寸 $d$ 为轴承的内径，$D$ 为轴承的外径，$B$ 为轴承的宽度。这里根据基本代号为 6206 的深沟球轴承进行绘制，其尺寸 $d=30$mm，$D=62$mm，$B=16$mm。利用"直线""圆""修剪"和"删除"等命令并结合追踪操作完成轴承图形的绘制。

3. 为图形添加几何约束

1）单击功能区"参数化"选项卡→"几何"面板→"自动约束"按钮，然后选中整个

轴承图形并按 <Enter> 键，完成对图形自动约束的添加，如图 5-32a 所示。

2）单击功能区"参数化"选项卡→"几何"面板→"全部隐藏"几何约束按钮，将图形中的约束标记全部隐藏，以方便后面约束的添加，如图 5-32b 所示。

3）利用"重合"约束工具命令将图 5-32b 所示的上部十字中心线的中点与圆的圆心重合，并将下部十字粗实线的中点也设为"重合"约束。

4）利用"对称"约束工具命令将图 5-32b 所示的线段 EQ 和 HM 及 FP 和 GN 设成关于十字中心线中的水平中心线对称。注意：FP 和 GN 均含有左右两段，选择时取其中一段即可，因为左右两段直线已有"共线"约束。

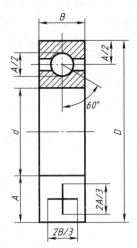

图 5-31　深沟球轴承的规定画法

5）利用"对称"约束工具命令将图 5-32b 所示的线段 IL 和 JK 设成关于下部十字粗实线中的水平线对称，并将 EQ 和 JK 及 HM 和 IL 设成关于中部轴线对称，将直线 EJ 和 QK 设成关于十字中心线中的竖直中心线对称，如图 5-32c 所示。

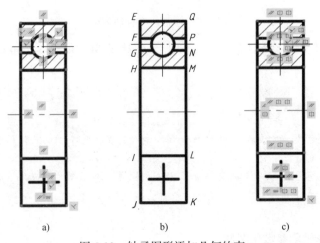

　　　　　a)　　　　　　　　b)　　　　　　　　c)

图 5-32　轴承图形添加几何约束

**提示**
　　对某个对象添加几何约束后，该对象先前被隐藏的几何约束将被显示。
　　如果有"镜像"操作获得的对象，采用"自动约束"命令后要检查该对象端点是否需要进行"重合"约束操作。

4. 为图形添加标注约束

1）单击功能区"参数化"选项卡→"几何"面板→"全部隐藏"几何约束按钮，将图形中的约束标记全部隐藏，以方便后面标注约束的添加。

2）单击功能区"参数化"选项卡→"标注"面板→"动态约束模式"按钮，启用动态约束模式标注。

3）利用"线性"标注约束工具命令完成对轴承图形中数值表达式的标注约束添加，如图 5-33a 所示。

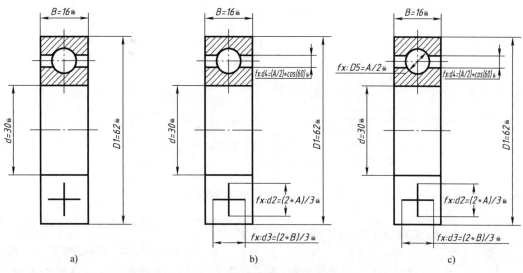

a)　　　　　　　　　b)　　　　　　　　　c)

图 5-33　轴承图形添加标注约束

**提示**

系统默认标注约束的名称 $d$ 和 $D$ 是同一个名称，即不区分大小写，如果已有一个名称为"$d$"的约束，再给另一个约束命名为"$D$"，则会出现图 5-34 所示的"参数错误"对话框。

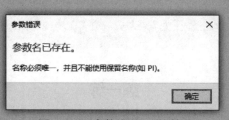

图 5-34　"参数错误"对话框

4）单击功能区"参数化"选项卡→"管理"面板→"参数管理器"按钮 $f_{(x)}$，系统弹出"参数管理器"对话框，单击对话框上部的"创建新的用户参数"按钮 $f_x$，新建一个用户参数，参数名称为"$A$"，表达式为"（$D1-d$）/2"，如图 5-35 所示。最后单击对话框上的"关闭"按钮完成创建。

5）利用"线性"标注约束工具命令完成对轴承图形中含有数学表达式的"线性"标注约束的添加，如图 5-33b 所示。

6）利用"直径"标注约束工具命令完成对轴承图形中圆的直径标注约束的添加，如图 5-33c 所示。

至此，深沟球轴承参数化图形绘制完成。

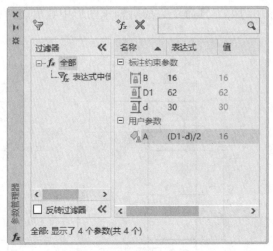

图 5-35　轴承图形用户参数设置

【**单元细语**】**参数化技术发展历史**

　　参数化技术的发展可分为三个小阶段：第一阶段是 20 世纪 70 年代末至 80 年代初，出现了参数化理论和思想；第二阶段是 20 世纪 80 年代中期至 90 年代初，参数化设计中引入了计算机人工智能技术，使得参数化设计变得更加专业化和精细化，能够帮助设计师精确地对设计对象进行控制；第三阶段是 20 世纪 90 年代中期至今，研究人员开发了参数化设计软件，如 UG、Pro/E 和 AutoCAD 等。此后，参数化设计得到了快速发展和广泛运用。

　　参数化设计是一种新的设计方式，相信随着人工智能技术的发展，参数化设计必将代替传统设计成为主流设计方法。制造强国战略提出，我国要由制造业大国向制造业强国迈进，掌握现代化的设计工具是非常必要的，我们要为将来的工作打下良好的基础，主动应对新一轮科技革命与产业变革，为实现强国梦贡献自己的一份力量。

# 练一练

　　1. 绘制图 5-36 及图 5-37 所示的图形，要求分析所给图形的几何约束条件，并对图形进行几何约束标注，再根据所给的尺寸约束采用注释性约束模式为图形添加尺寸约束。

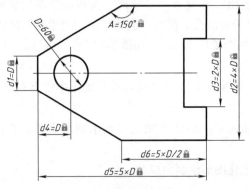

图 5-36　参数化绘图练习一

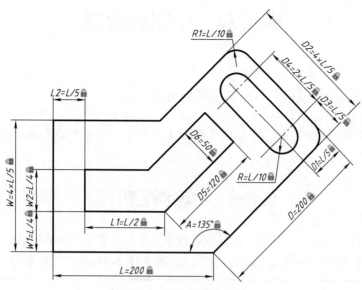

图 5-37 参数化绘图练习二

2. 螺栓的简化画法如图 5-38 所示，其中尺寸 $d$ 为螺栓的公称直径，$L$ 为螺栓的公称长度。要求根据 M20×70mm 的螺栓尺寸，即 $d$=M20、$L$=70mm，绘制螺栓参数化图形。

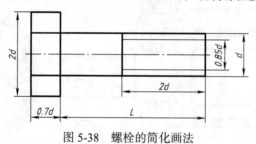

图 5-38 螺栓的简化画法

# 单元六　绘制装配图

### 学习导航

| 学习目标 | 掌握装配图的绘制方法，并能够绘制出符合规范的装配图。 |
|---|---|
| 学习重点 | 装配图视图的拼画、零件序号的标注以及明细栏的创建与填写。 |
| 相关命令 | 点的创建、点样式设置、多重引线设置、多重引线创建、表格样式设置以及表格创建。 |
| 建议课时 | 4~6 课时。 |

## 任务一　拼画装配图视图

装配图和零件图一样，也是生产中的重要技术文件。一张完整的装配图应由一组视图、一组尺寸、技术要求、明细栏和标题栏组成。本任务将绘制图 6-1 所示的导轮装配图中的视图部分。

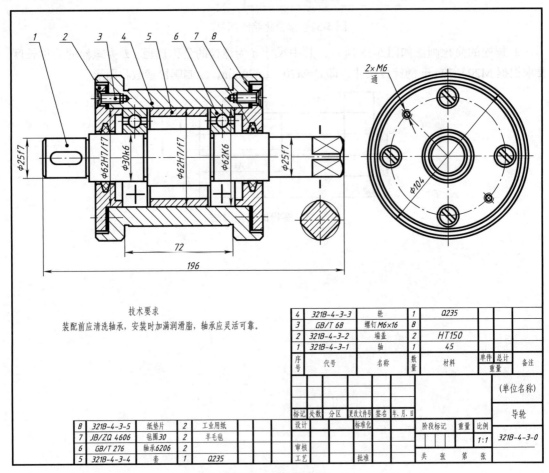

图 6-1　导轮装配图

用计算机绘制装配图，通常有拼装和直接绘制两种方法。拼装法是将组成装配图的零件图创建成图块，然后将其插入到适当位置再进行编辑的方法。直接绘制法是将组成装配体的零件按表达要求直接画到合适位置而形成装配图的方法，其做法与零件图绘制相同。由于导轮装配体中的所有零件图已绘制完成，所以本任务采用拼装法绘制装配图图形。

**一、建立零件图块**

1. 创建轮零件块

（1）打开轮零件图并编辑 利用快速访问工具栏中的"打开"命令，打开轮零件图，如图 6-2 所示。关闭尺寸及技术要求所在的图层，然后对其他与装配图无关的部分进行处理。由于装配图可以省略小倒角和圆角等工艺结构，故将轮零件的孔口倒角做删除处理。再将该零件的主视图改画成全剖视图并加以整理，结果如图 6-3 所示。

装配图图块制作

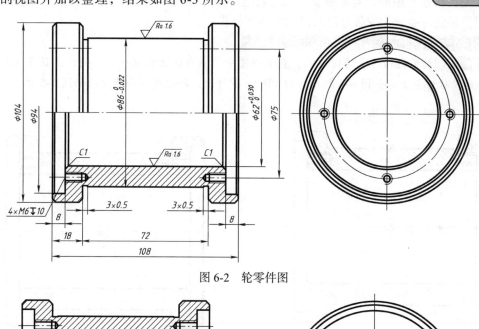

图 6-2 轮零件图

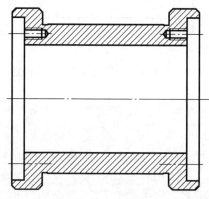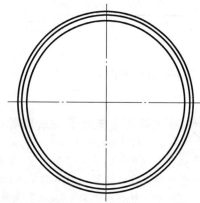

图 6-3 轮零件图编辑

**提示**

1）对上述打开的零件图进行编辑时，千万不要使用"保存"命令进行保存，这会使原文件丢失。如要保险起见，可将原文件另存为其他名称的文件再编辑。

2）通常，图形可在零件图中编辑就不要到装配图里编辑。因为在零件图中编辑要比在装配图中编辑清晰、易操作。

（2）创建插入点 为了在拼装时便于定位零件块在装配图中的位置，需要在编辑后的轮零件图中创建一个点。在 AutoCAD 2020 中，点的绘制通常采用"多点"命令来完成，"单点"命令已不太常用。所以这里采用"多点"命令来创建点。"多点"命令为新命令，启用该命令主要有以下几种方式：

1）功能区。单击功能区"默认"选项卡→"绘图"面板→"多点"按钮 ⋅⋅ 。

2）工具栏。单击"绘图"工具栏→"多点"按钮 ⋅⋅ 。

3）菜单栏。单击"绘图"菜单栏→"点"→"多点"命令。

首先在状态栏中的"对象捕捉"按钮 ⊡ 上右击，添加"中点"和"节点"捕捉项，然后启用"多点"命令，按命令行的提示做如下操作：

当前点模式：PDMODE=35 PDSIZE=0.0000

指定点：利用极轴对象捕捉方式，在主视图中部点画线上拾取一点，使该点位于主视图左右轮廓的对称位置上，如图 6-4 所示，按 \<Esc> 键退出，即创建一个点 A，如图 6-5 所示

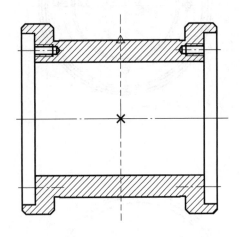

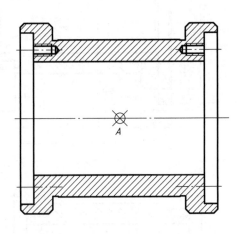

图 6-4 轮主视图中点的捕捉 　　　　　　图 6-5 轮主视图中 A 点的创建

**【拓展】关于点命令的相关知识**

1. 点命令的种类

点命令的有"单点""多点""定数等分"和"定距等分"四种，这几种命令只有在"绘图"菜单中是齐全的。"单点"命令是指每次执行该命令时只能绘制一个点并自动结束；"多点"命令是指每次执行该命令时可以连续绘制多个点，直到按 \<Esc> 键结束；"定数等分"命令是将对象按指定的数量分成相等长度的若干段，并在各等份位置上生成点；"定距等分"命令是将对象按指定的距离进行等分，并在各等份位置上生成点。这四种命令操作均较为简单，用户只要按提示操作即可。

2. 点的显示方式

点在图形中的显示样式共有 20 种，可通过输入"DDPTYPE"命令并按 \<Enter> 键，或选择菜单栏中的"格式"→"点样式"命令来打开"点样式"对话框，如图 6-6 所示，用户在该对话框中做相应的设置即可。

注意：点是被看作节点来捕捉的。此外，无论显示方式如何，点的打印效果仍是一个点，跟点样式无关，用户也可以在适当的时候将其删除。

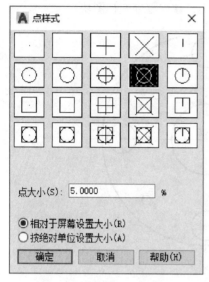

图 6-6 点样式设置

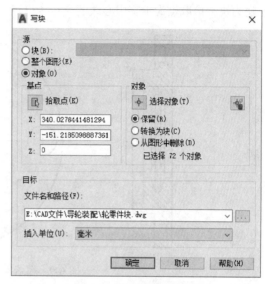

图 6-7 轮零件块的创建

（3）图块创建 在命令行输入"W"并按 <Enter> 键，系统弹出如图 6-7 所示的"写块"对话框。单击对话框中的"拾取点"左侧按钮，系统将返回到绘图窗口，在屏幕上拾取图 6-5 所示的 A 点，系统将返回到"写块"对话框；再单击对话框中"选择对象"左侧按钮，系统则又返回到绘图窗口，选取图 6-3 所示的轮零件图作为块对象，按 <Enter> 键后系统再次返回到"写块"对话框；在对话框中的"插入单位"下拉列表框中选择"毫米"选项，设置块文件的保存路径，并将块文件命名为"轮零件块"，具体操作参见前面任务中"粗糙度块"的创建，单击"确定"按钮完成"轮零件块"的创建。

2. 创建轴零件块

参照"轮零件块"的创建方法，打开轴零件图并编辑，再在主视图的轴线上创建一个点 B，使该点位于中部轴段的中心，如图 6-8 所示。再将图 6-8 所示的图形创建为块，拾取点为 B 点，块名为"轴零件块"。

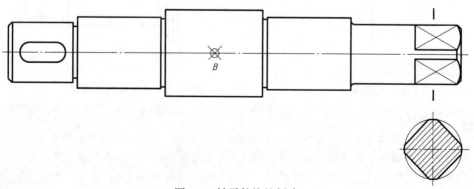

图 6-8 轴零件块的创建

**3. 创建端盖零件块**

参照"轮零件块"的创建方法，打开端盖零件图并编辑，如图6-9所示。这里需将图6-9所示的端盖主视图和左视图分别创建为块，以方便装配图的绘制与处理。先将图6-9所示端盖的主视图创建为块，拾取点为 $C$ 点，块名为"端盖零件主视图块"；再将图6-9所示端盖的左视图创建为块，拾取点为十字中心线的交点（ $O$ 点），块名为"端盖零件左视图块"。

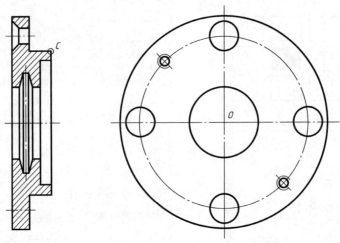

图6-9　端盖零件块的创建

**4. 创建套零件块**

参照"轮零件块"的创建方法，对套零件图进行编辑，并在其轴线上创建一个点 $D$ ，该点位于套零件轮廓的中心，如图6-10所示。再将图6-10所示的图形创建为块，拾取点为 $D$ 点，块名为"套零件块"。

**5. 创建沉头螺钉块**

打开前面创建的沉头螺钉参数化图形，由于导轮装配体采用的是 M6×16mm 沉头螺钉，所以需要修改其参数数值。双击其中需要修改的标注约束参数 $d$ 和 $L$ 的值，分别改为6mm 和16mm，结果如图6-11所示。再将图6-11所示的沉头螺钉图形创建为块，拾取点为 $E$ 点， $E$ 点为螺钉锥面轮廓线的交点，块名为"沉头螺钉块"。

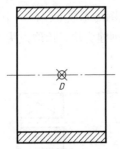

图6-10　套零件块的创建

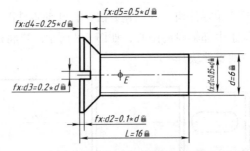

图6-11　沉头螺钉块的创建

**提示**

在创建沉头螺钉块时，无论约束参数隐藏与否，创建的块始终含有约束参数，除非创建块时提前将其删除。用户将含有约束参数的块插入到图形中后，利用"分解"命令将其分解，则又可以对该块图形进行参数编辑。

6.创建深沟球轴承块

打开前面创建的深沟球轴承参数化图形，由于导轮装配体采用的是 6206 深沟球轴承，其与深沟球轴承参数化图形中参数值相同，所以不需要修改其参数值。将深沟球轴承参数化图形创建为块，拾取点为 F 点，如图 6-12 所示，块名为"深沟球轴承块"。

图 6-12　深沟球轴承块的创建

**二、新建装配文件并命名**

1）根据分析，本次绘图需采用 A3 图幅。单击快速访问工具栏上的"新建"按钮 ，弹出"选择样板"对话框，在对话框中选择所创建的"A3 机械样板"文件，单击"打开"按钮，完成样板文件的调用。

2）单击快速访问工具栏上的"保存"按钮 ，在弹出的"图形另存为"对话框中，将文件命名为"导轮"，单击"保存"按钮，关闭对话框。

**三、拼装块图形并编辑**

1.插入轮零件块

1）单击"绘图"工具栏→"插入块"按钮 ，系统弹出"块"选项板，如图 6-13 所示。单击"过滤"框右侧的按钮 ，系统弹出"选择图形文件"对话框，根据创建的"轮零件块"文件的保存路径，在对话框中找到并选择"轮零件块"文件，如图 6-14 所示。单击"打开"按钮，系统将返回"块"选项板，此时选项板中的"其他图形"选项卡被打开，选项板上部出现"轮零件块"文件的保存路径，并在其下方的文件列表框中显示该文件名，在"插入选项"选项组中选中"插入点"复选框。至此完成选项板的设置，如图 6-13 所示。

拼装块图形并编辑

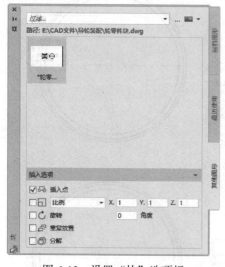

图 6-13　设置"块"选项板

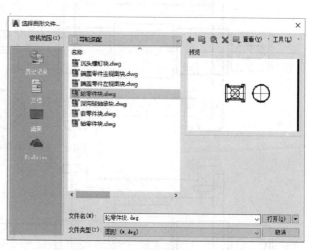

图 6-14　选择"轮零件块"文件

2）单击"块"选项板中的"轮零件块"文件，移动鼠标到图中合适的位置并单击，可将"轮零件块"插入到当前的装配图中。

单击菜单栏中的"格式"→"点样式"命令，然后通过弹出的"点样式"对话框将点的显示样式设成⊗，则创建"轮零件块"时所创建的拾取点 A 将被显示，如图 6-15 所示。

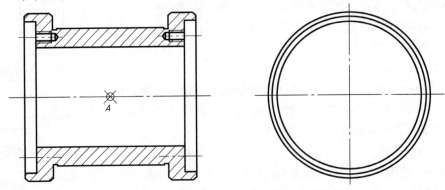

图 6-15　插入轮零件块

2. 插入轴零件块

　　参照"轮零件块"的插入方法，将"轴零件块"导入到"块"选项板中。单击"块"选项板中的"轴零件块"文件，移动鼠标，直至捕捉到图 6-15 所示的 A 点后单击，完成"轴零件块"的插入操作，如图 6-16 所示。

图 6-16　插入轴零件块

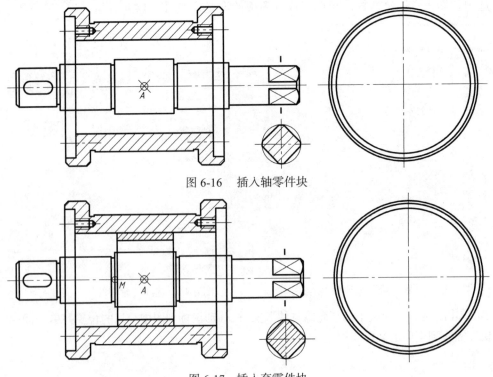

图 6-17　插入套零件块

3. 插入套零件块

参照"轮零件块"的插入方法，将"套零件块"导入到"块"选项板中，单击"块"选项板中的"套零件块"文件，移动鼠标，直至捕捉到图 6-16 所示的 *A* 点后单击，完成"套零件块"的插入操作，如图 6-17 所示。

4. 插入深沟球轴承块

参照"轮零件块"的插入方法，将"深沟球轴承块"导入到"块"选项板中，单击"块"选项板中的"深沟球轴承块"文件，移动鼠标，直至捕捉到图 6-17 所示的 *M* 点后单击，完成"深沟球轴承块"在导轮左侧的插入操作，如图 6-18 所示。

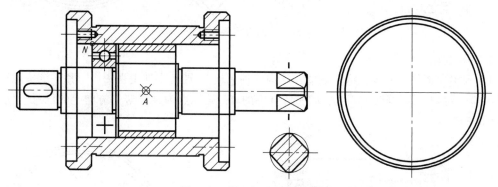

图 6-18　插入深沟球轴承块

5. 插入端盖零件块

1）参照"轮零件块"的插入方法，将"端盖零件主视图块"导入到"块"选项板中，单击"块"选项板中的"端盖零件主视图块"文件，移动鼠标，直至捕捉到图 6-18 所示的 *N* 点后单击，完成"端盖零件主视图块"在导轮左侧的插入操作，如图 6-19 所示。

2）参照"轮零件块"的插入方法，将"端盖零件左视图块"导入到"块"选项板。单击"块"选项板中的"端盖零件左视图块"文件，移动鼠标，直至捕捉到图 6-18 所示左视图中的十字中心线的交点后单击，完成"端盖零件左视图块"的插入操作，如图 6-19 所示。

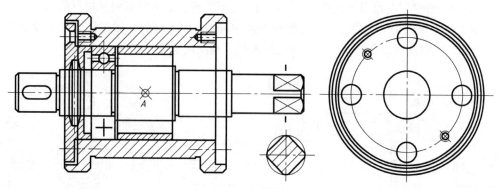

图 6-19　插入端盖零件块

6. 插入沉头螺钉块

参照"轮零件块"的插入方法，将"沉头螺钉块"导入到"块"选项板中。单击"块"选项板中的"沉头螺钉块"文件，移动鼠标，直至捕捉到图 6-19 所示主视图锥形沉孔中的锥面轮廓线的交点后单击，完成"沉头螺钉块"在导轮左侧的插入操作，如图 6-20 所示。

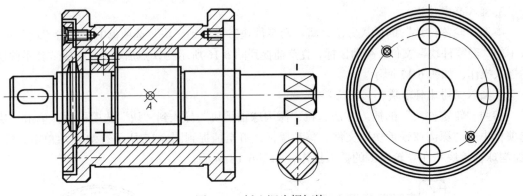

图 6-20　插入沉头螺钉块

**7. 编辑整理**

1）利用"镜像"命令，将左侧的"深沟球轴承块""端盖零件主视图块"和"沉头螺钉块"镜像一份到右侧，镜像线的第一点为图 6-20 中的 $A$，第二点为 $A$ 点竖直方向上的任意一点，如图 6-21 所示。

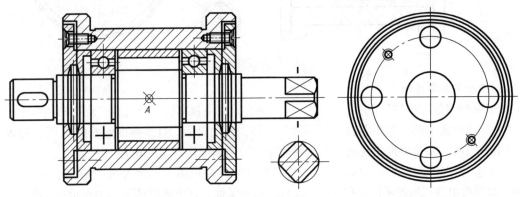

图 6-21　镜像图块

2）利用"分解"命令对上述插入的块进行"分解"操作，分解后对其进行编辑修改，利用绘图命令添画主视图中的毡圈、纸垫片结构以及左视图中沉头螺钉、轴零件的可见投影等，并对不符合要求的剖面线进行修改，完成导轮装配图中视图的绘制，如图 6-22 所示。

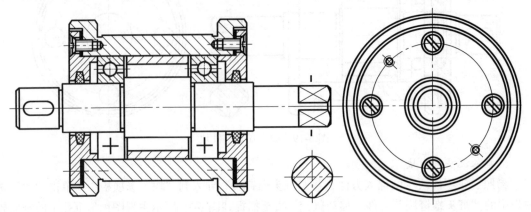

图 6-22　导轮装配图视图效果

**提示**

1）"深沟球轴承块"和"沉头螺钉块"被"分解"操作后，其约束参数将全部显示出来，可以采用"隐藏"操作将其隐藏，也可采用"删除约束"命令将其删除。

2）主视图中纸垫片剖面采用涂黑处理，需采用"图案填充"命令创建，选择填充图案为"SOLID"。

# 任务二 装配图的序号标注

为了便于看图和进行图形管理，装配图上的所有零、部件都必须编写序号。序号的字高要比装配图中所注的尺寸数字高度大一号或两号。本任务将对所创建的导轮装配图添加序号。

## 一、创建多重引线样式

装配图的序号通常采用"多重引线"命令标注，但要使该命令创建的序号符合机械制图标准要求，则首先需要用"多重引线样式"命令来设置相应的样式。

装配图的
序号标注

1. 启用"多重引线样式"命令

"多重引线样式"命令为新命令，启用该命令主要有以下几种方式：

1）功能区。单击功能区"注释"选项卡→"引线"面板右下角按钮 ⦆。

2）工具栏。单击"样式"工具栏→"多重引线样式"按钮 ⦆。

3）菜单栏。单击"格式"菜单栏→"多重引线样式"命令。

4）命令行。在命令行输入"MLEADERSTYLE"并按 <Enter> 键。

2. 新建样式并命名

启用"多重引线样式"命令后，系统弹出"多重引线样式管理器"对话框，如图 6-23 所示。单击对话框中的"新建"按钮，系统弹出"创建新多重引线样式"对话框，如图 6-24 所示。在该对话框中的"新样式名"文本框内输入"序号样式"，在"基础样式"下拉列表框中选中"Standard"选项，单击"继续"按钮，系统弹出"修改多重引线样式：序号样式"对话框，如图 6-25 所示。

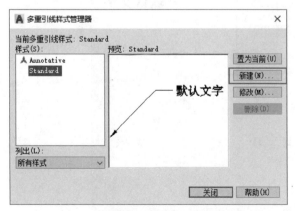

图 6-23 "多重引线样式管理器"对话框

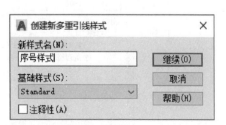

图 6-24 "创建新多重引线样式"对话框

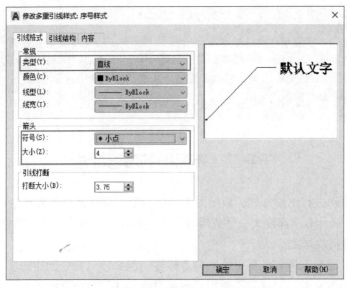

图 6-25　"引线格式"选项卡设置

3. 设置选项卡

图 6-25 所示的"修改多重引线样式：序号样式"对话框中共有三张选项卡，分别为"引线格式"选项卡、"引线结构"选项卡及"内容"选项卡。下面对这三张选项卡分别进行设置。

1）打开"引线格式"选项卡，在"常规"选项组的"类型"下拉列表框中选择"直线"项；在"箭头"选项组的"符号"下拉列表框中选择"小点"项，并在"大小"文本框内输入"4"，其余默认，设置结果如图 6-25 所示。

2）打开"引线结构"选项卡，在"约束"选项组的"最大引线点数"文本框内输入点数为"2"；勾选"基线设置"选项组的所有选项，并在其下部文本框内输入基线距离"2"，设置结果如图 6-26 所示。

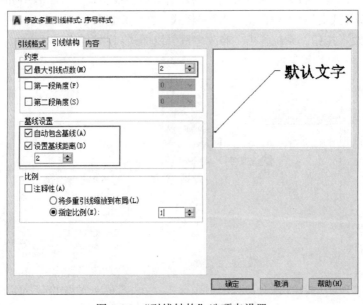

图 6-26　"引线结构"选项卡设置

**提示**

在图 6-26 所示的"引线结构"选项卡设置中，"设置基线距离"项中基线距离是指对话框右侧预览图形中"默认文字"左侧的那段水平线的距离。

3）打开"内容"选项卡，在"多重引线类型"下拉列表框中选择"多行文字"项；在"文字选项"选项组的"文字样式"下拉列表框中选择"字母和数字"项，并在"文字高度"文本框内输入文字高度"7"；在"引线连接"选项组中选择"水平连接"项，此时该选项组下部的两个"连接位置"下拉列表框的名称将显示为"连接位置 - 左（E）"及"连接位置 - 右（R）"，在这两个下拉列表框中均选择"第一行加下划线"，将该下拉列表框下部的"基线间隙（G）"项的值设为"2"，设置结果如图 6-27 所示。

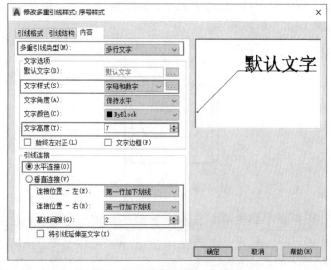

图 6-27　"内容"选项卡设置

4）最后单击"确定"按钮，完成多重引线标注参数的设置，系统返回到"多重引线样式管理器"对话框，如图 6-28 所示。此时对话框中的"样式"列表区中多了一个"序号样式"，选中"序号样式"，单击对话框中的"置为当前"按钮，则将"序号样式"设置为当前样式，再单击"关闭"按钮，完成多重引线标注样式的创建。

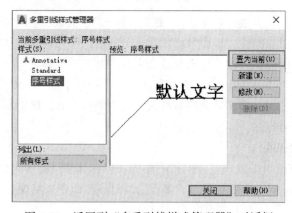

图 6-28　返回到"多重引线样式管理器"对话框

**二、利用多重引线命令标注序号**

"多重引线"命令为新命令，启用该命令主要有以下几种方式：

1）功能区。单击功能区"注释"选项卡→"引线"面板→"多重引线"按钮 ⌐°。

2）工具栏。单击"多重引线"工具栏→"多重引线"按钮 ⌐°。

3）菜单栏。单击"标注"菜单栏→"多重引线"命令。

4）命令行。在命令行输入"MLEADER"并按 <Enter> 键。

启用"多重引线"命令后，按命令行提示做如下操作：

指定引线箭头的位置或 [ 引线基线优先（L）/ 内容优先（C）/ 选项（O）] < 选项 >：在导轮装配主视图中的轴零件轮廓内拾取一点 A，如图 6-29 所示（作为引线的第一点）

指定引线基线的位置：拾取另一点 B，如图 6-29 所示（作为引线第二点）

在引线附近的输入框中输入相应的序号数字，如图 6-30 所示，再在输入框外单击，完成该处序号的标注，标注效果如图 6-29 所示。

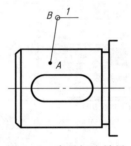

图 6-29　序号标注效果

图 6-30　序号输入

参照轴零件的序号标注方法，完成端盖、螺钉、轮、套、轴承和毡圈零件的序号标注。此时，只有纸垫片零件的序号没有标注，该序号样式与前面零件的序号样式有所不同，需要重新创建，参照前面"序号样式"的创建方法，将新样式命名为"补充序号样式"，并以"序号样式"为基础样式来创建，将图 6-25 所示的"引线格式"选项卡中的"小点"项设成"实心闭合"项，其余设置与"序号样式"相同。将"补充序号样式"设为当前样式，继续利用"多重引线"命令，完成对纸垫片零件的序号标注。

**三、装配图序号对齐操作**

装配图零件序号应按水平或垂直方向排列整齐，但在标注过程中可能有些序号的标注并没有整齐排列，如图 6-31a 所示，需要通过"多重引线对齐"命令来实现。

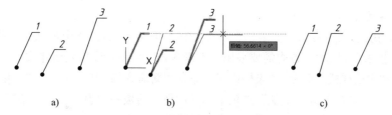

图 6-31　"多重引线对齐"操作

"多重引线对齐"命令为新命令，启用该命令主要有以下几种方式：

1）功能区。单击功能区"注释"选项卡→"引线"面板→"多重引线对齐"按钮 ⌐⌐。

2）工具栏。单击"多重引线"工具栏→"多重引线对齐"按钮 ⌐⌐。

3）菜单栏：单击"修改"菜单栏→"对象"→"多重引线"→"对齐"命令。

4）命令行：在命令行输入"MLEADERALIGN"并按 <Enter> 键。

启用"多重引线对齐"命令后，按命令行提示做如下操作：

选择多重引线：选取图 6-31a 所示的三个序号

选择多重引线：↙（结束选择）

当前模式：使用当前间距

选择要对齐到的多重引线或 [ 选项（O）]：选取序号 1（作为对齐参照）

指定方向：移动鼠标，当光标处出现一条水平的延长虚线时，如图 6-31b 所示，单击鼠标左键，则被选中的序号将沿水平对齐，结果如图 6-31c 所示

**提示**

对零件序号采用"多重引线对齐"命令操作时，需要启用"极轴追踪"模式或"正交"模式才能将序号按水平或竖直对齐

# 任务三　装配图明细栏及其余内容的绘制

明细栏用于记载零件的序号、代号、名称、数量、材料等，是装配图中特有的内容。与零件图一样，装配图中也有尺寸、技术要求和标题栏。本任务将完成这些内容。

装配图明细栏及其余内容的绘制

## 一、明细栏的创建与填写

明细栏位于标题栏的上方，通常按制图标准推荐的格式进行绘制，如图 6-32 所示。

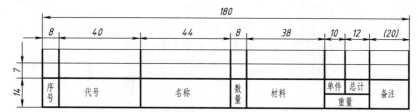

图 6-32　明细栏格式

## 1. 创建表格样式

装配图中的明细栏通常采用"表格"命令创建，但是 AutoCAD 中默认的表格样式是不符合明细栏的创建要求，因此，首先需要采用"表格样式"命令来设置表格样式。

（1）启用"表格样式"命令 "表格样式"命令为新命令，启用该命令主要有以下几种方式：

1）功能区。单击功能区"默认"选项卡→"注释"面板→"表格样式"按钮 。

2）工具栏。单击"样式"工具栏→"表格样式"按钮 。

3）菜单栏。单击"格式"菜单栏→"表格样式"命令。

4）命令行：在命令行输入"TABLESTYLE"并按 <Enter> 键。

（2）新建样式并命名 启用"表格样式"命令后，系统弹出"表格样式"对话框，如图 6-33 所示。单击对话框中的"新建"按钮，系统弹出"创建新的表格样式"对话框，在该对话框中的"新样式名"文本框内输入"明细栏样式"，如图 6-34 所示。单击"继续"按钮，系统弹出"新建表格样式：明细栏样式"对话框，如图 6-35 所示。

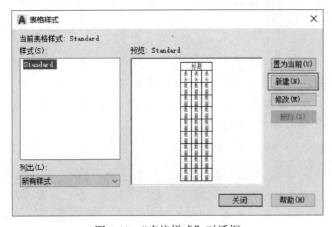

图 6-33 "表格样式"对话框　　　　　　　　　图 6-34 "创建新的表格样式"对话框

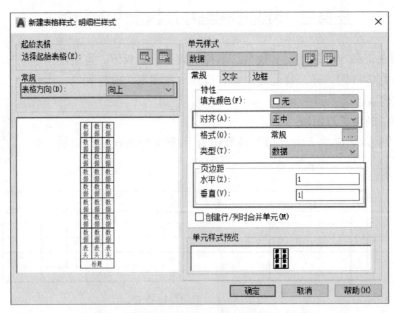

图 6-35 "新建表格样式：明细栏样式"对话框

（3）设置表格样式

1）在"新建表格样式：明细栏样式"对话框中，将左侧的"表格方向"项设为"向上"，打开右侧"单元样式"选项组内的"常规"选项卡，将"特性"选项组中的"对齐"项设为"正中"，将"页边距"选项组中的"水平"和"垂直"项的值均设为"1"，其余默认，如图 6-35 所示。

2）打开对话框右侧"单元样式"选项组内的"文字"选项卡，将"特性"选项组中的"文字样式"项设为"工程汉字"样式，"文字高度"设为"3.5"，其余默认，如图 6-36 所示。

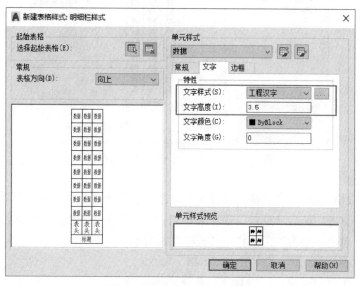

图 6-36 "文字"选项卡设置

3）打开对话框右侧"单元样式"选项组内的"边框"选项卡。将"特性"选项组中的"线宽"项设为"0.50mm"，"线型"项设为"Continuous"线型。设置好特性以后，再单击"特性"选项组下部的"所有图框"按钮 ⊞，如图 6-37 所示。

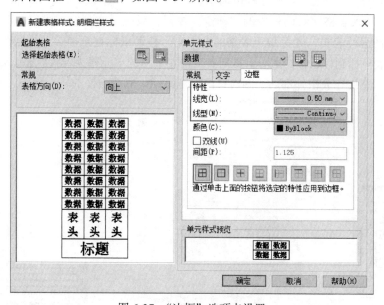

图 6-37 "边框"选项卡设置

4）单击"确定"按钮，返回到"表格样式"对话框，如图 6-38 所示，此时对话框中的"样式"列表区内多了一个"明细栏样式"，选中该样式，单击对话框右侧的"置为当前"按钮，将该样式设为当前样式。单击"表格样式"对话框中的"关闭"按钮，完成表格样式的创建。

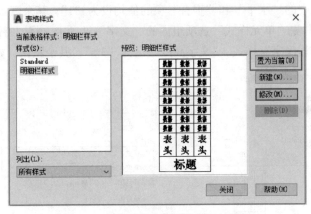

图 6-38　返回到"表格样式"对话框

2. 创建表格

（1）启用"表格"命令　"表格"命令为新命令，启用该命令主要有以下几种方式：

1）功能区。单击功能区"默认"选项卡→"注释"面板→"表格"按钮⊞。

2）工具栏。单击"绘图"工具栏→"表格"按钮⊞。

3）菜单栏。单击"绘图"菜单栏→"表格"命令。

4）命令行。在命令行输入"TABLE"并按 <Enter> 键。

（2）插入表格

1）启用"表格"命令后，系统弹出"插入表格"对话框。在"列和行设置"选项组内将列数设为"8"，列宽设为"20"，数据行数设为"4"，行高设为"1"。在"设置单元样式"选项组内将所有选项均设为"数据"，如图 6-39 所示。

2）单击"插入表格"对话框中的"确定"按钮，系统返回到绘图窗口。在绘图窗口出现一个 6 行 8 列的悬浮表格，光标位于表格的左下角，移动鼠标直至捕捉到标题栏左上角的角点后单击，则将表格插到标题栏的上方。此时，表格左下角的单元格为输入状态，如图 6-40 所示。这里暂不输入，直接在表格外部的绘图窗口内单击鼠标，取消表格的输入状态。

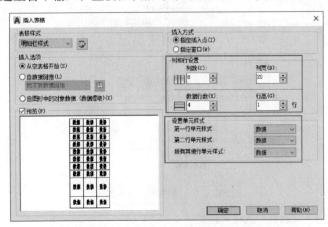

图 6-39　设置"插入表格"对话框

图 6-40　插入表格

**提示**

本例中将数据行数设为"4"是根据图 6-1 所示导轮装配图上的明细栏来设置的。在 AutoCAD 中，每个表格都有一个"标题"行和"表头"行，即图 6-39 所示"插入表格"对话框中的"设置单元样式"选项组内所定义的"第一行"和"第二行"。"标题"行和"表头"行不算在"数据行数（R）"当中，所以本例中实际创建的表格为 6 行。

（3）编辑表格

1）选中表格第一列中所有单元格，然后右击，系统弹出如图 6-41 所示的快捷菜单，选择"特性"命令，打开"特性"对话框，在该对话框中将"单元宽度"设为"8"、"单元高度"设为"7"，如图 6-42 所示。注意：每次输入后一定要按 <Enter> 键，表格尺寸才能发生更改。

图 6-41 单元格快捷菜单

图 6-42 "特性"对话框

2）不关闭"特性"对话框，选中表格第二列或第二列中的一个单元格，在"特性"对话框中将"单元宽度"设为"40"。用同样的方法并根据图 6-32 所示明细栏的尺寸绘制要求，对表格中的列宽进行设置，如图 6-43 所示，关闭"特性"对话框。

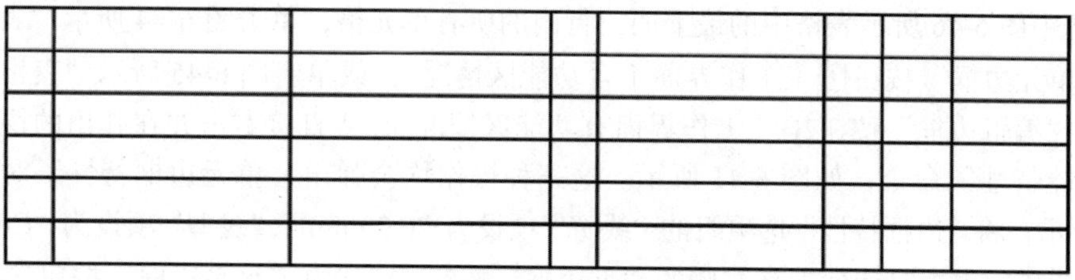

图 6-43 编辑单元格宽度、高度

3）选中表格中第一列最下部的两个单元格，此时，如果绘图窗口没有功能区，则在绘图窗口内弹出"表格"对话框，如图 6-44 所示。单击"合并单元格" 右侧下拉按钮，在弹出的下拉菜单中选择"全部"命令,即可将选中的单元格合并为一格。

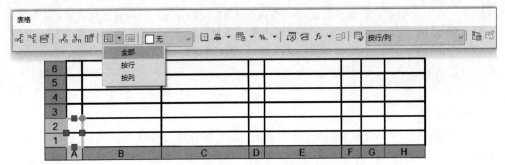

图 6-44 "合并单元格"操作(无功能区)

如果绘图窗口有功能区,选中表格中第一列最下部的两个单元格后,功能区将增加"表格单元"选项卡,如图 6-45 所示,单击"合并单元"右侧下拉按钮,在弹出的下拉按钮中单击"合并全部"按钮,同样可将选中的单元格合并为一格。可以看出,"表格"对话框和"表格单元"选项卡其内容设置是一样的,两者仅仅风格不同。相比较而言,功能区中的"表格单元"选项卡更直观些,比较适合初学者。

图 6-45 "合并单元格"操作(有功能区)

4)参见上述合并单元格的方法对其他需要合并的单元格进行处理,如图 6-46 所示。

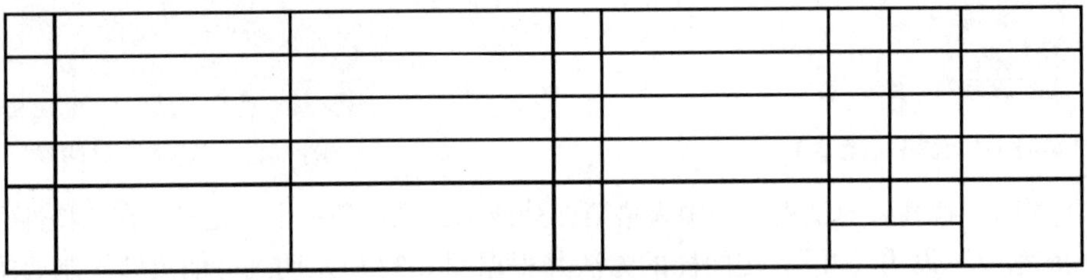

图 6-46 "合并单元格"操作结果

5)选中图 6-46 所示表格中的最上面三行内的所有单元格,单击图 6-44 所示"表格"对话框上的"单元边框"按钮田(工作界面不含功能区情况),或单击图 6-45 所示"表格单元"选项卡中的"编辑边框"按钮(工作界面有功能区情况),或直接右击并在弹出的快捷菜单中选择"快捷特性"命令,如图 6-41 所示。这三种操作均会弹出"单元边框特性"对话框,如图 6-47 所示。将"边框特性"选项组的"线宽"项设为"0.25 mm","线型"项设为"Continuous"线型。然后依次单击对话框下部左侧的"上边框"按钮、"内部水平边框"按钮和"底部边框"按钮,再单击对话框中的"确定"按钮,则表格最上部三行的所有水平框线都变成细实线,按 <Esc> 键退出选择状态,如图 6-48 所示。

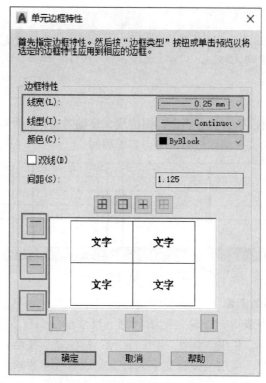

图 6-47　"单元边框特性"对话框

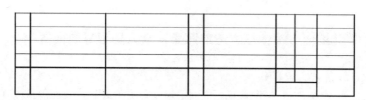

图 6-48　边框粗细调整

6）图 6-48 所示内容仅是导轮装配图中位于标题栏上方的明细栏部分，如图 6-1 所示，位于标题栏左侧的明细栏部分还没有创建。利用"复制"命令把图 6-48 所示的明细栏复制一份并放置到标题栏左侧的规定位置上，然后对复制的明细栏进行处理。选中左下角的单元格，再单击图 6-44 所示"表格"对话框中的"删除行"按钮 🗙（工作界面不含功能区情况），或单击图 6-45 所示"表格单元"选项卡中的"删除行"按钮 🗑（工作界面有功能区情况），或直接右击并在弹出的快捷菜单中选择"行"→"删除行"命令，则被选中的单元格所在的行将被删除，如图 6-49 所示。至此完成导轮装配图中整个标题栏的创建。

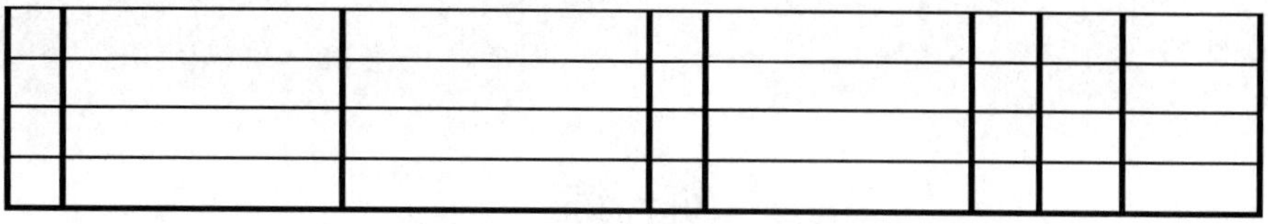

图 6-49　标题栏左侧明细栏的创建

**提示**

　　如果所创建的明细栏的行数不符合要求，无须重新创建，只需在已创建的明细栏中选中上部单元格，然后右击进行添加行操作即可。

3. 填写表格

　　在要输入文字的明细栏单元格中双击，则出现文字输入窗口，此时即可进行文字输入，如图 6-50 所示。利用此方法完成明细栏中所有内容的填写。

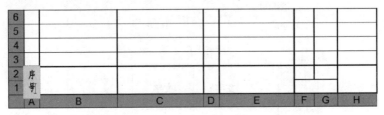

图 6-50　填写明细栏

**二、装配图其余内容的创建**

　　明细栏绘制与填写完成后，导轮装配图只剩下尺寸标注、技术要求和标题栏没有处理，其处理方法与零件图相同。利用"线性"和"直径"标注命令并结合"多行文字"标注方式完成对导轮装配图的标注，利用"多行文字"命令完成对技术要求的注写，再利用"单行文字"或"多行文字"命令完成对标题栏中相关内容的填写。至此，整个导轮装配图的绘制全部结束。

**【单元细语】集体是力量的源泉，众人是智慧的摇篮**

　　一个典型的产品设计过程通常包含四个阶段：概念开发和产品规划阶段、详细设计阶段、小规模生产阶段和增量生产阶段。无论是对整个设计工作还是对其中的某个阶段工作来说，单靠一个人的力量是无法完成的，比如一个复杂产品可能由成百上千种零件组成，单就零件设计就很难靠一个人来完成，即使一个人能够完成也可能会因耗时较长而导致被其他新产品替代，从而失去市场的竞争力，企业无法获得应有的效益，甚至连研发的成本都难以收回。因此，只有团结协作才能让企业获得更好的发展，才能让未来的路越走越远。

　　当今时代，竞争越来越激烈，团队合作的重要性也愈加明显。每一位成员都必须具备主人翁和团结协作的精神，将自己的利益与企业的利益紧密结合。要明确个人的利益来源于企业的利益，只有企业的利益得到了维护，个人的利益才能有所保障。团队精神就是企业员工相互沟通、交流、真诚合作，为企业的整体目标而奋斗的精神。它是企业成功的基石、发展的动力、效益的源泉。一滴水放于大海才不会干涸，个人再完美，也是沧海一粟，只有优秀的团队才是无边的大海。企业是一艘舰船，装载着一个团队，这个团队齐心合力，就能避开暗礁急流，乘风破浪，扬帆远航。

# 练一练

　　根据图 6-51 所示的支顶装配示意图及图 6-52~图 6-54 所示的零件图（零件图可扫码下载），

采用 A3 图幅，拼画支顶装配图，如图 6-55 所示。

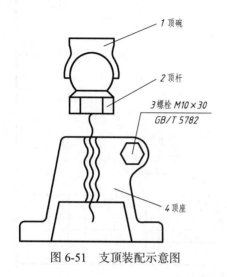

图 6-51　支顶装配示意图

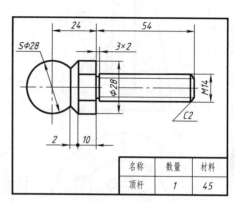

图 6-52　顶杆

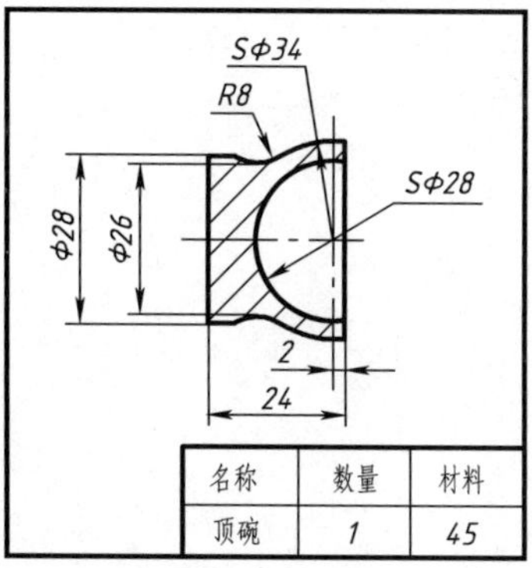

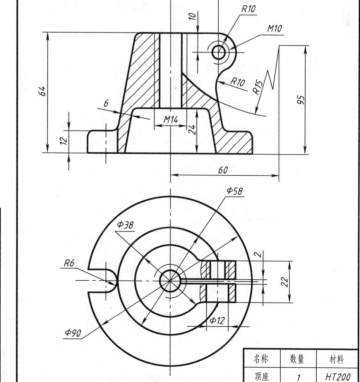

图 6-54　顶座

图 6-53　顶碗

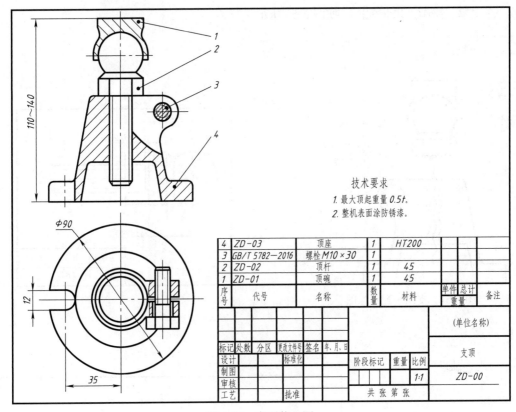

技术要求
1. 最大顶起重量 0.5t。
2. 整机表面涂防锈漆。

| 4 | ZD-03 | 顶座 | 1 | HT200 | | |
|---|---|---|---|---|---|---|
| 3 | GB/T 5782—2016 | 螺栓 M10×30 | 1 | | | |
| 2 | ZD-02 | 顶杆 | 1 | 45 | | |
| 1 | ZD-01 | 顶碗 | 1 | 45 | | |
| 序号 | 代号 | 名称 | 数量 | 材料 | 单件 总计 / 重量 | 备注 |

| | | | | | | (单位名称) |
|---|---|---|---|---|---|---|
| | | | | | | |
| 标记 处数 分区 | 更改文件号 签名 年、月、日 | | | | | 支顶 |
| 设计 | | 标准化 | | 阶段标记 重量 比例 | | |
| 制图 | | | | | 1:1 | ZD-00 |
| 审核 | | | | | | |
| 工艺 | | 批准 | | 共 张 第 张 | | |

图 6-55　支顶装配图

# 单元七　创建三维实体

**学习导航**

| 学习目标 | 了解 AutoCAD 三维绘图环境，掌握三维建模的基本操作方法，学会利用布尔运算及用户坐标系等进行零件三维建模的方法和技巧。 |
|---|---|
| 学习重点 | 三维实体建模的相关命令、三维绘图环境、建模基础操作、三维建模的方法和技巧。 |
| 相关命令 | 视点、视觉样式、动态观察、基本实体建模命令、拉伸建模、旋转建模、扫掠建模、放样建模、UCS、三维旋转、三维移动、倒角、倒圆和布尔运算等。 |
| 建议课时 | 8~20 课时。 |

AutoCAD 不仅具有强大的二维绘图功能，还可以创建三维立体模型，如产品的造型图及建筑结构图等。与二维图形相比，三维模型更能清楚地表达设计者的意图，可以让观察者从不同角度来观察和操作对象，并通过赋予材质和渲染功能生成逼真的三维效果图，且可以直接从三维模型得到物体的多个二维投影图。

利用 AutoCAD 创建的三维模型，按照其创建的方式和存储方式，可以将三维模型分为三种类型：线框模型、表面模型和实体模型。

1）线框模型（Wireframe Model）。线框模型是对三维对象的轮廓描述。线框模型由描述轮廓的点、线组成。线框模型虽然结构简单，但绘制费时。因线框模型没有面和体的特征，所以不能进行消隐和渲染等处理。

2）表面模型（Surface Model）。表面模型不仅有边界，而且还有表面。因表面模型具有面的特征，所以可对其做物理计算、渲染和着色处理。

3）实体模型（Solid Model）。实体模型具有线、表面和体的全部信息，可以分析其质量特性，对其装配进行干涉检查等，并可以输出相关数据用于数控加工或有限元分析。此外，由于消隐和渲染技术的运用，可以使实体具有很好的可视性，因而实体模型广泛应用于机械、广告设计和三维动画等领域。

## 任务一　创建基本体并对其进行观察操作

在制作三维模型时，用户首先必须了解三维建模工作界面、三维实体的观察与渲染、三维建模中广泛使用的用户坐标系以及建模方法等，这些都是三维建模的基础。

### 一、三维建模工作界面

AutoCAD 2020 版本专门设置了三维建模工作界面，使用时只需单击状态栏中的"切换工作空间"按钮，并在弹出 的下拉列表框中单击"三维建模"或"三维基础"命令即可，如图 7-1 所示。

对于习惯于 AutoCAD 传统界面的老用户，可根据单元一任务一内的相关操作调出菜单栏和相关工具栏。图 7-2 所示为三维建模常用的工具栏。

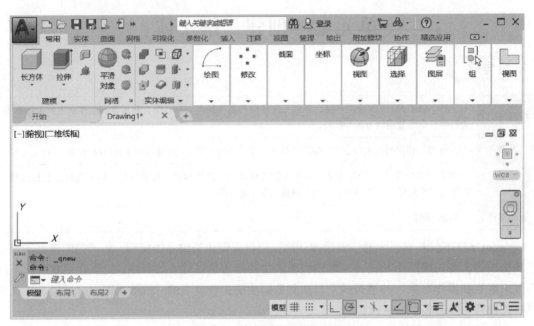

图 7-1 "三维建模"工作界面

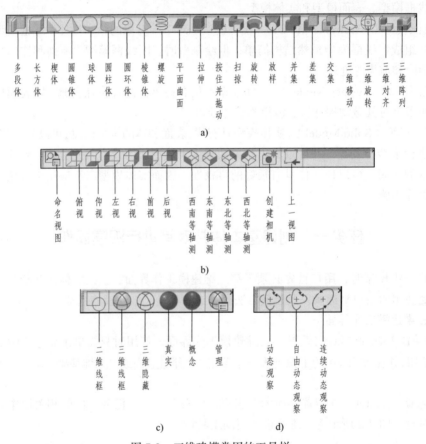

图 7-2 三维建模常用的工具栏

a)"建模"工具栏 b)"视图"工具栏 c)"视觉样式"工具栏 d)"动态观察"工具栏

### 二、三维模型的观察方法

简单三维模型
的创建与观察

在三维建模环境中，为了创建和编辑三维图形各部分的结构特征，需要不断地调整显示方式和视图设置，以便更好地观察三维模型。

为讲解三维模型的观察方法，首先用"圆柱体"命令创建一个圆柱体，尺寸为 $\phi$ 50mm × 80mm。启用该命令可以用以下几种方式：

1）功能区。单击功能区"实体"选项卡→"图元"面板→"圆柱体"按钮 ⊡。

2）工具栏。单击"建模"工具栏→"圆柱体"按钮 ⊡。

3）菜单栏。单击"绘图"菜单栏→"建模"→"圆柱体"命令。

4）命令行。在命令行输入"CYLINDER"并按 <Enter> 键。

启用"圆柱体"命令后，按命令提示做如下操作：

命令：_cylinder

指定底面的中心点或 [ 三点（3P）/ 两点（2P）/ 切点、切点、半径（T）/ 椭圆（E）] ：在绘图窗口合适的位置拾取一点（作为圆柱底面的中心）

指定底面半径或 [ 直径（D）] <36.9609> ：25 ✓ （输入圆柱底面半径）

指定高度或 [ 两点（2P）/ 轴端点（A）] <40.0000> ：80 ✓ （输入圆柱的高度）

操作结果如图 7-3 所示。

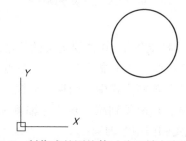

图 7-3 制作成的圆柱体（从 Z 轴方向观察）

**提示**

"圆柱体"命令可创建以圆或椭圆为底面的柱体。其操作方法是：首先根据命令行提示，通过中心点、三点（3P）、两点（2P）等方式确定底面形状（与画圆的操作方法类似），再通过输入数值或指定两点等方法确定圆柱体的高度即可。

由图 7-3 可知，若用户不做任何观察处理，操作结果不显示圆柱的立体效果，用户必须采取相关操作才能达到所要的观察效果，为此 AutoCAD 提供了多种观察三维模型的方法。

1. 通过"视点"命令观察

视点是三维模型观察方向的起点，从视点到观察对象之间的连线表示观察方向。单击"视图"菜单栏→"三维视图"→"视点"命令或在命令行输入"VPOINT"并按 <Enter> 键，即可启用"视点"命令，然后根据命令行提示做如下操作：

命令：_VPOINT

当前视图方向：VIEWDIR=0.0000, 0.0000, 1.0000

指定视点或 [ 旋转（R）] < 显示坐标球和三轴架 > ：–1, –1, –1 ✓ （输入视点坐标）

正在重生成模型

操作结果如图 7-4a 所示。

如采用"旋转（R）"选项，操作过程如下：

指定视点或 [ 旋转（R）] < 显示指南针和三轴架 > : R ↙

输入 XY 平面中与 X 轴的夹角 <270> : 135 ↙（输入观察方向线在 XY 平面的投影与 X 轴的夹角）

输入与 XY 平面的夹角 <90> : 75 ↙（输入观察方向线与 XY 平面的夹角）

正在重生成模型

模型的视角将发生变化，操作结果如图 7-4b 所示。

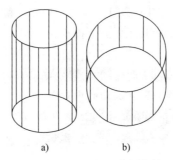

a)　　　　　　　b)

图 7-4　改变视点观察圆柱体

2. 通过视图方式观察

AutoCAD 通过"视图"工具栏提供了 10 种预定义的标准视点，这 10 个视点形成 10 个视图观察方式。单击"视图"菜单栏→"三维视图"→"视点"命令，即可快速选择到某种观察方式，如图 7-5a 所示。在这些观察方式中，俯视、仰视、左视、右视、前视和后视为六个基本视图方式，而西南等轴测、东南等轴测、东北等轴测和西北等轴测为立体效果方式。图 7-5b、c 所示为圆柱体的前视图和西南等轴测。

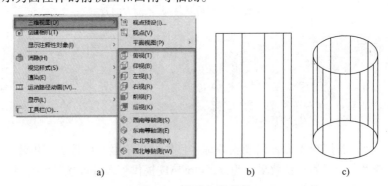

a)　　　　　　　　　　　b)　　　　　c)

图 7-5　视图方式观察

a）菜单栏中"视点"命令　b）圆柱体的前视图　c）圆柱体的西南等轴测

3. 通过 View Cube 工具观察

拖动或单击绘图窗口右上角 View Cube 工具的顶点、边线和表面（图 7-6），可以根据需要快速调整模型的视点，查看模型在任意方位的结构形状。这是一个非常直观的 3D 导航立方体，单击其上方的按钮 ⌂，可以将视图恢复到西南等轴测状态。

4.通过三维动态观察器观察

AutoCAD 提供了一个交互的三维动态观察器，用户可以使用鼠标来实时控制和改变这个视图，以得到不同的观察效果。单击绘图窗口右侧"导航栏"中"动态观察"按钮下的三角按钮，在弹出的下拉列表框中可得到动态观察、自由动态观察以及连续动态观察共 3 种类型（图 7-7）。

WCS ▽

图 7-6　ViewCube 工具

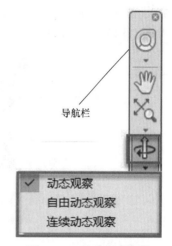

导航栏

✓　动态观察
　　自由动态观察
　　连续动态观察

图 7-7　三维动态观察器

（1）动态观察　动态观察可以对视图 / 图形进行有一定约束的动态观察，即只能采用水平、垂直或对角拖动对象进行动态观察。

（2）自由动态观察　自由动态观察可以对观察对象进行任意角度的动态观察，执行该命令时在当前视口会出现一个绿色的导航球（图 7-8）。当光标在导航球的不同位置进行拖动时，光标的形状是不同的，对模型进行观察的效果也不同。当光标在导航球内部时，光标呈⊕形，通过水平、垂直和对角拖动光标可以对模型进行全方位的动态观察；当光标在导航球外部时，光标呈⊙形，拖动光标可以使视图绕导航球中心与屏幕垂直轴旋转；当光标在导航球左右两边小圆内时，光标呈⊖形，拖动光标可以使视图绕导航球中心的铅垂轴线旋转；当光标在导航球上下两边小圆内时，光标呈⊕形，拖动光标可以使视图绕导航球中心与屏幕水平轴旋转。

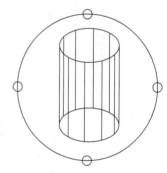

图 7-8　自由动态观察

（3）连续动态观察　连续动态观察可以使观察对象绕旋转轴做连续旋转运动，从而对其进行连续动态的观察。执行该命令时，光标呈⊗形状，在绘图窗口中单击并拖动光标，使对象沿拖动方向开始移动，释放鼠标后，对象将在指定的方向上继续运动，光标移动的速度决定了对象的旋转速度。单击鼠标或按 <Esc> 键可退出旋转状态。

**提示**

除了利用系统提供的命令改变视向观察三维模型外，还可先按住 <Shift> 键，再按住鼠标中键来拖动鼠标旋转视图，其效果与使用与"动态观察"命令相同。

### 三、三维模型的外观显示

为了更加清晰而全面地了解三维对象，AutoCAD 2020 提供了多种视觉样式来满足用户对三维模型外观显示的不同要求。启用"视觉样式"命令通常有以下几种方式：

1）工具栏。单击"视觉样式"工具栏→各按钮。

2）菜单栏。单击"视图"菜单栏→"视觉样式"下的子菜单命令。

3）功能区。单击功能区"常用"选项卡→"视图"面板→"视觉样式"下拉列表框（工作界面为"三维建模"），如图 7-9 所示。

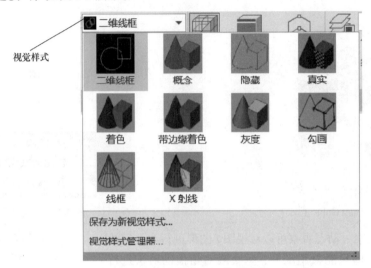

图 7-9 "视觉样式"下拉列表框

AutoCAD 2020 提供了二维线框、隐藏、真实和概念等多种视觉样式。图 7-10 所示为圆柱体常见的视觉样式效果。

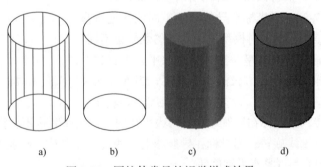

a) b) c) d)

图 7-10 圆柱体常见的视觉样式效果

a）二维线框 b）隐藏 c）真实 d）概念

# 任务二 熟悉三维坐标系的创建方法

AutoCAD 2020 通常基于当前坐标系的 *XOY* 平面或与其平行的平面内进行绘图，*XOY* 平面称为构造平面。在三维环境下，用户往往需要通过在不同的平面内绘制出平面图形方能创建出三维图形，因此要把当前坐标系的 *XOY* 平面变换到需要绘图的平面上，也就是需要创建新的坐标系，即 UCS 用户坐标系。

在三维直角坐标系中，如果已知 $X$ 轴、$Y$ 轴的方向，可通过右手法则确定直角坐标系 $Z$ 轴的正方向。用户可以根据需要，定义、保存和恢复一个或多个坐标系。创建用户坐标系的方式通常有以下几种：

1）功能区。单击功能区"常用"选项卡→"坐标"面板→"坐标"按钮（如图 7-11 所示，工作界面为"三维建模"）。

2）菜单栏。单击"工具"菜单栏→"新建 UCS"下的子菜单命令。

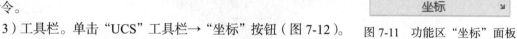

图 7-11 功能区"坐标"面板

3）工具栏。单击"UCS"工具栏→"坐标"按钮（图 7-12）。

4）命令行。在命令行输入"UCS"并按 <Enter> 键。

图 7-12 "UCS"工具栏

功能区"坐标"面板和"UCS"工具栏上均有一个按钮 ⊾，单击该按钮的操作效果与在命令行输入"UCS"相同，其他按钮则相当于"UCS"命令操作过程中的一个选项操作。

单击上述按钮或在命令行输入"UCS"，然后根据命令提示做如下"UCS"命令相关操作：

命令：_ucs

当前 UCS 名称：*世界*

指定 UCS 的原点或 [ 面（F）/命名（NA）/对象（OB）/上一个（P）/视图（V）/世界（W）/X/Y/Z/Z 轴（ZA）] <世界>：直接输入或拾取一点作为新的 UCS 原点，也可以根据提示输入一个选项

UCS 按钮和上面命令行中选项的对应关系及具体含义见表 7-1。

表 7-1 UCS 按钮和上面命令行中选项的对应关系及具体含义

| 按钮 | 名称 | 具体含义 |
|---|---|---|
| ⊾ | UCS | 与在命令行输入"UCS"相同，可完成多种 UCS 命令创建 |
| ⊡ | 世界（W） | 将当前坐标系设置成世界坐标系 |
| ⊞ | 上一个(P) | 返回上一个用户坐标系 |
| ⊡ | 面（F） | 将用户坐标系与实体 / 面对齐 |
| ⊡ | 对象（OB） | 根据选定的三维对象创建坐标系，坐标轴的原点取决于所选对象的类型 |
| ⊞ | 视图（V） | 使新的用户坐标系的 $XOY$ 面与当前屏幕平行，原点不变 |
| ⊾ | 原点 | 通过移动当前 UCS 的原点，保持其 $X$、$Y$ 和 $Z$ 轴的方向不变，从而定义新的 UCS |
| ⊾ | Z 轴（ZA） | 通过指定坐标原点和 Z 轴正半轴 / 一点，建立新的用户坐标系 |
| ⊾ | 三点 | 通过指定三个点建立用户坐标系。指定的第一点是坐标原点；第二、第三点分别为 $X$、$Y$ 轴正方向 / 点 |
| ⊿ | X | 将当前用户坐标系绕指定轴旋转生成新的坐标系，指定轴必须与 $X$ 轴平行或为 $X$ 轴 |
| ⊿ | Y | 将当前用户坐标系绕指定轴旋转生成新的坐标系，指定轴必须与 $Y$ 轴平行或为 $Y$ 轴 |
| ⊿ | Z | 将当前用户坐标系绕指定轴旋转生成新的坐标系，指定轴必须与 $Z$ 轴平行或为 $Z$ 轴 |
| ⊟ | 应用 UCS | 当窗口中包含多个视口时，可将当前坐标系应用于其他视口 |

下面以图 7-13 为例简单介绍一下 UCS 命令常见的操作方法。

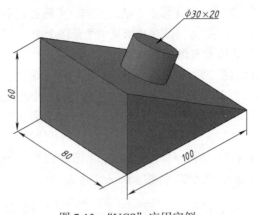

"UCS"应用实例

图7-13  "UCS"应用实例

该立体三维建模的具体步骤如下：

1）单击"UCS"工具栏→"世界"按钮 ，将当前坐标系设置成世界坐标系状态。按下 <F8> 键打开正交模式，单击"建模"工具栏→"楔体"按钮，按三角块尺寸完成如下具体操作：

命令：_wedge

指定第一个角点或 [ 中心（C） ]：任选一点作为楔块某一角点

指定其他角点或 [ 立方体（C）/长度（L） ]：L✓（选择长度选项）

指定长度：100✓（输入长度数值）

指定宽度：80✓（输入宽度数值）

指定高度或 [ 两点（2P） ]：60✓（输入高度数值）

至此完成楔体的创建。

单击"视图"工具栏→"西南等轴测"按钮，再单击"视觉样式"工具栏→"三维隐藏"按钮，操作结果如图7-14a所示。

2）单击"UCS"工具栏→"原点"按钮，将原点移至三角块左下角 A 点处。

命令：_ucs

当前 UCS 名称：*世界*

指定 UCS 的原点或 [ 面（F）/命名（NA）/对象（OB）/上一个（P）/视图（V）/世界（W）/X/Y/Z/Z 轴（ZA） ] <世界>：o（自动选择 UCS 的"原点"项）

指定新原点 <0,0,0>：选择 A 点✓（此时 A 点变为 UCS 坐标原点）

单击"视觉样式"工具栏→"概念"按钮，操作结果如图7-14b所示。

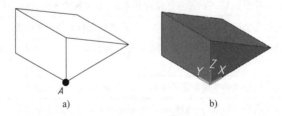

a)　　　　　　　　　　　　b)

图7-14  "UCS"应用实例操作步骤1

3）单击"UCS"工具栏→"三点"按钮，将原点移至 B 点处。

命令：_ucs

当前 UCS 名称：＊没有名称＊

指定 UCS 的原点或 [ 面（F）/ 命名（NA）/ 对象（OB）/ 上一个（P）/ 视图（V）/ 世界（W）/X/Y/Z/Z 轴（ZA）] ＜世界＞：3（自动选择 UCS 的"三点"项）

指定新原点 <0,0,0>：选择 B 点↙（此时 B 点变为 UCS 坐标原点）

在正 X 轴范围上指定点 <-115.6190,0.0000,0.0000>：选择 C 点↙（BC 为 X 轴正方向）

在 UCS XY 平面的正 Y 轴范围上指定点 <-116.6190,1.0000,0.0000>：选择 D 点↙（BD 为 Y 轴正方向）

单击"视觉样式"工具栏→"三维隐藏"按钮，操作结果如图 7-15a 所示。

4）单击"UCS"工具栏→"原点"按钮 ，打开状态栏上的"三维对象捕捉"按钮（或按 <F4> 快捷键），将 UCS 坐标原点移至斜面中心处，操作方法同本例步骤 2，操作结果如图 7-15b 所示。

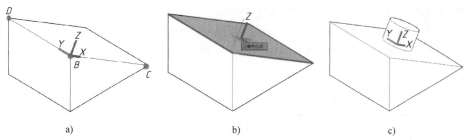

a)　　　　　　　　　　　　b)　　　　　　　　　　　　c)

图 7-15　"UCS"应用实例操作步骤 2

5）单击"建模"工具栏→"圆柱体"按钮 ，绘制尺寸为 $\phi 30mm \times 20mm$ 的圆柱体，操作结果如图 7-15c 所示。

**【技巧】**

1）"视图"工具栏中的俯视、仰视、前视、左视、右视和后视这六个平面视图提供了多个不同的 XOY 平面，而且此时用户坐标系中的 XOY 平面是与绘图屏幕平行的，非常方便平面图形的绘制，所以在三维绘图中经常通过切换平面视图来绘制不同的平面图形，并由此来创建三维实体。

2）使用动态 UCS 功能，可以在创建对象时使 UCS 自动与实体模型中的平面临时对齐，无须使用创建用户坐标系命令。按 <F6> 键或单击状态栏上"允许 / 禁止动态 UCS"按钮 即可执行动态 UCS 命令。

## 任务三　熟悉三维实体的创建方法

三维实体的创建方法

AutoCAD 2020 提供了多种创建三维实体模型的方法，用户既可以用基本实体命令创建，也可以由二维平面图形生成复杂的三维实体。

**一、用基本实体命令创建实体**

AutoCAD 2020 实体建模中涉及的基本实体包括圆柱体、圆锥体、球体、长方体、棱锥体及楔体等。单击"绘图"菜单栏→"建模"菜单下的基本实体命令，或单击"建模"工具栏→基本实体按钮，或单击功能区"常用"选项卡→"建模"面板→基本实体按钮，或单击功能区"实体"选项卡→"图元"面板上基本实体按钮，上述操作均可执行相应的基本实体命令。

任务一、二已介绍了用基本实体命令创建圆柱体及楔体的造型方法，从中可以看出：只要了解基本实体几何特点，按命令行提示进行操作即可进行上述实体的建模，操作几乎没有难度，故其他实体的创建不再赘述。

**二、用拉伸方法创建实体**

利用拉伸方法创建三维实体，就是将二维截面沿指定的高度或路径拉伸为三维实体，其二维截面必须是平面封闭多段线或者面域。如果该二维截面是由多个单一线段构成的对象，则需要用编辑多段线命令"PEDIT"将其转换为封闭的多段线，或用面域命令"REGION"将其变成一个面域，然后才能拉伸。"拉伸"命令的启用方式主要有以下几种：

1）功能区。单击功能区"实体"选项卡→"实体"面板上按钮▣（工作界面为"三维建模"）。

2）菜单栏。单击"绘图"菜单栏→"建模"→"拉伸"命令。

3）工具栏。单击"建模"工具栏上的按钮▣。

4）命令行。在命令行输入"EXTRUDE"并按 <Enter> 键。

下面以图 7-16 所示的三维实体为案例，具体介绍"拉伸"命令的运用。

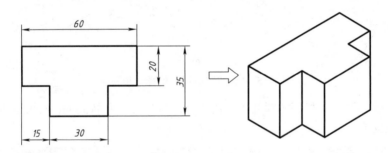

图 7-16　拉伸案例

该案例实体建模操作步骤如下：

1）单击"视图"工具栏→"俯视"按钮▣，切换到俯视状态，并在"视觉样式"工具栏中单击"二维线框"按钮，然后根据图 7-16 所示的尺寸绘出平面图。

2）单击"绘图"工具栏→"面域"按钮▣，或在命令行输入"REG"（Region 别名），或单击"绘图"菜单栏→"面域"按钮，按命令提示做如下操作：

`命令：_region`

`选择对象：`（选中全部线框）

`选择对象：`✓（按 <Enter> 键结束选择）

`已提取 1 个环`

`已创建 1 个面域`

其结果是将绘制好的线框转换成一个面域。

**提示**

　　面域是具有边界的平面区域，所以面域在"真实视觉样式"或"概念视觉样式"模式下观察，其不是线框而是一个面。面域创建成功必须满足两个条件：一是创建面域的线框必须封闭；二是构成该线框的线段要首尾相连，不能出现交叉。

3）调用"拉伸"命令，创建拉伸三维实体，按命令提示做如下操作：

命令：_extrude

当前线框密度：ISOLINES=4，闭合轮廓创建模式 = 实体

选择要拉伸的对象或 [ 模式（MO）]：_MO 闭合轮廓创建模式 [ 实体（SO）/ 曲面（SU）] < 实体 >：_SO

选择要拉伸的对象或 [ 模式（MO）]：选择刚创建好的面域

选择要拉伸的对象或 [ 模式（MO）]：✓（按 <Enter> 键结束选择）

指定拉伸的高度或 [ 方向（D）/ 路径（P）/ 倾斜角（T）/ 表达式（E）] <114.5154>：30 ✓（输入拉伸高度，按 <Enter> 键完成拉伸操作）

完成"拉伸"命令操作。

**提示**

"拉伸"命令行中其他选项的含义具体如下：

1）方向（D）。在默认情况下，截面对象可以沿 Z 轴方向拉伸，拉伸高度可以为正值或负值，它表示拉伸方向，输入正值表示拉伸方向与 Z 轴正方向一致。

2）路径（P）。通过指定拉伸路径将截面对象拉伸为实体，拉伸路径必须是连续的线段（或弧线），可以是开放的，也可以是封闭的。

3）倾斜角（T）。相当于为创建的实体沿拉伸方向指定一个拔模角度，倾斜角可以为正值或负值，但其绝对值不大于90°。若倾斜角为正，则相当于向内侧拔模；若倾斜角为负，则相当于向外侧拔模。

4）单击"视图"工具栏→"西南等轴测"按钮 ，再单击"视觉样式"工具栏→"三维隐藏"按钮 ，最终效果如图 7-16 所示。

**三、用旋转方法创建实体**

用旋转方法创建三维实体，就是将二维截面对象绕指定的旋转轴旋转为三维实体。该二维截面对象与拉伸截面对象一样必须是平面封闭多段线或面域，同时还必须位于旋转轴的一侧，才能建立旋转实体。"旋转"命令的启用方式主要有以下几种：

1）功能区。单击功能区"实体"选项卡→"实体"面板上按钮 （工作界面为"三维建模"）。

2）菜单栏。单击"绘图"菜单栏→"建模"→"旋转"命令。

3）工具栏。单击"建模"工具栏上的按钮 。

4）命令行。在命令行输入"REVOLVE"并按 <Enter> 键。

下面以如图 7-17 所示的三维实体为例，具体介绍"旋转"命令的运用。

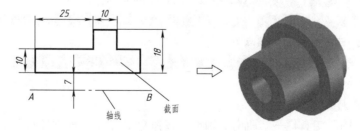

图 7-17　旋转案例

该案例的实体建模操作步骤如下：

1）单击"视图"工具栏→"俯视"按钮，切换到俯视状态，并在"视觉样式"工具栏中单击"二维线框"按钮，然后根据图7-17所示的尺寸绘出平面图。

2）单击"修改Ⅱ"工具栏→"编辑多段线"按钮，或在命令行输入"PEDIT"，按命令提示做如下操作：

命令：_pedit

选择多段线或[多条（M）]：选择截面图形中任意一条线段

选定的对象不是多段线

是否将其转换为多段线？<Y>：✓（按<Enter>键表示确认将其转换成多段线）

输入选项[闭合（C）/合并（J）/宽度（W）/编辑顶点（E）/拟合（F）/样条曲线（S）/非曲线化（D）/线型生成（L）/反转（R）/放弃（U）]：J✓（输入"J"表示将其他线段与前面选择的线段合并成一条多段线）

选择对象：选取截面的所有对象

选择对象：✓（按<Enter>键结束选择）

多段线已增加7条线段

输入选项[打开（O）/合并（J）/宽度（W）/编辑顶点（E）/拟合（F）/样条曲线（S）/非曲线化（D）/线型生成（L）/反转（R）/放弃（U）]：✓（按<Enter>键完成多段线的创建）

其结果是将绘制好的截面线框转换成一个封闭多段线。

**提示**

将截面线框转换成一个封闭多段线必须满足两个条件：一是要转换的线框必须封闭；二是构成该线框的线段要首尾相连，不能出现交叉。

3）单击"视图"工具栏→"西南等轴测"按钮，然后调用"旋转"命令创建三维实体，按命令提示做如下操作：

命令：_revolve

当前线框密度：ISOLINES=4，闭合轮廓创建模式 = 实体

选择要旋转的对象或[模式（MO）]：_MO闭合轮廓创建模式[实体（SO）/曲面（SU）]<实体>：_SO

选择要旋转的对象或[模式（MO）]：选择创建好的多段线线框

选择要旋转的对象或[模式（MO）]：✓（按<Enter>键结束选择）

指定轴起点或根据以下选项之一定义轴[对象（O）/X/Y/Z]<对象>：选择轴线左端点A

指定轴端点：选择轴线的右端点B

指定旋转角度或[起点角度（ST）/反转（R）/表达式（EX）]<360>：✓（旋转角度默认为360°，直接按<Enter>键即可）

至此完成"旋转"命令操作。

4）单击"视图"工具栏→"西南等轴测"按钮，单击"视觉样式"工具栏→"概念"按钮，最终效果如图7-17所示。

**提示**

　　利用"拉伸"或"旋转"命令生成实体时，特征面必须是由多个图形对象组成的封闭区域，可利用"面域"命令或"编辑多段线"命令将特征面进行封闭。否则，利用"拉伸"或"旋转"命令获得的将是表面模型，形成的都是曲面（图7-18），后续将无法用布尔运算进行相关操作。操作时请务必注意这一点！

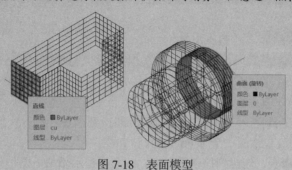

图7-18　表面模型

### 四、用扫掠方法创建实体

　　用扫掠方法绘制三维实体，就是将二维截面对象沿开放或闭合的二维或三维路径生长形成实体。该二维截面对象与拉伸截面对象一样必须是平面封闭多段线或面域。"扫掠"命令的启用方式主要有以下几种：

　　1）功能区。单击功能区"实体"选项卡→"实体"面板上按钮 🔲（工作界面为"三维建模"）。

　　2）菜单栏。单击"绘图"菜单栏→"建模"→"扫掠"命令。

　　3）工具栏。单击"建模"工具栏上的按钮 🔲。

　　4）命令行。在命令行输入"SWEEP"并按 <Enter> 键。

　　下面以图7-19所示的弹簧实体为案例，具体介绍"扫掠"命令的运用。该案例中，弹簧中径为 $\phi40\text{mm}$，圈数为5圈，簧丝直径为 $\phi6\text{mm}$，弹簧高度为60mm。

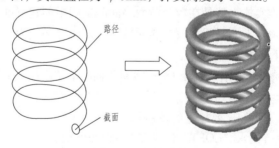

图7-19　扫掠案例

　　该案例的实体建模操作步骤如下：

　　1）单击"视图"工具栏→"俯视"按钮 🔲，再单击"视图"工具栏→"西南等轴测"按钮，则用户坐标系的 *XOY* 平面将与水平面重合，同时绘图环境呈三维状态，然后在"视觉样式"工具栏中单击"二维线框"按钮。

　　2）单击"建模"工具栏→"螺旋"按钮 🔲，或在命令行输入"HELIX"命令，或单击"绘图"菜单栏→"螺旋"命令，按命令提示做如下操作：

`命令：_Helix`

圈数 = 10.0000　　扭曲 =CCW

指定底面的中心点：在 *XOY* 平面上拾取一点

指定底面半径或 [ 直径（D）] <50.0000>：20 ✓（指定螺旋线底面半径）

指定顶面半径或 [ 直径（D）] <20.0000>：20 ✓（指定螺旋线顶面半径）

指定螺旋高度或 [ 轴端点（A）/ 圈数（T）/ 圈高（H）/ 扭曲（W）] <80.0000>：T ✓（指定参数选项）

输入圈数 <10.0000>：5 ✓（输入圈数值）

指定螺旋高度或 [ 轴端点（A）/ 圈数（T）/ 圈高（H）/ 扭曲（W）] <80.0000>：60 ✓（输入螺旋高度）

生成螺旋线的效果如图 7-19 所示。

3）单击"视图"工具栏→"前视"按钮 ，切换到前视状态，执行绘"圆"命令，拾取螺旋线下部端点作为圆心，绘制一个 $\phi$6mm 的圆。

4）调用"扫掠"命令，创建扫掠三维实体，按命令提示做如下操作：

命令：_sweep

当前线框密度：ISOLINES=4，闭合轮廓创建模式 = 实体

选择要扫掠的对象或 [ 模式（MO）]：_MO 闭合轮廓创建模式 [ 实体（SO）/ 曲面（SU）] < 实体 >：_SO

选择要扫掠的对象或 [ 模式（MO）]：选择圆截面

选择要扫掠的对象或 [ 模式（MO）]：✓（按 <Enter> 键结束截面选择）

选择扫掠路径或 [ 对齐（A）/ 基点（B）/ 比例（S）/ 扭曲（T）]：选取螺旋线（作为扫掠路径）

至此，完成"扫掠"命令的操作。

5）单击"视图"工具栏→"东南等轴测"按钮 ，再单击"视觉样式"工具栏→"真实"按钮 ，最终效果如图 7-19 所示。

### 五、用放样方法创建实体

用放样方法创建三维实体，就是在数个截面之间的空间中创建三维实体。该二维截面对象与拉伸截面对象一样必须是平面封闭多段线或面域，且截面数必须为两个或两个以上。放样命令的启用方式主要有以下几种：

1）功能区。单击功能区"实体"选项卡→"实体"面板上按钮 （工作界面为"三维建模"）。

2）菜单栏。单击"绘图"菜单栏→"建模"→"放样"命令。

3）工具栏。单击"建模"工具栏上的按钮 。

4）命令行。在命令行输入"LOFT"命令并按 <Enter> 键。

下面以图 7-20 所示的瓶状实体为案例，具体介绍"放样"命令的运用。该案例中，截面 1、2、3、4 均为圆形，直径分别为 $\phi$20mm、$\phi$18mm、$\phi$8mm 和 $\phi$6mm，截面间的距离分别为 30mm、15mm 和 15mm。

该案例的实体建模操作步骤如下：

1）单击"视图"工具栏→"俯视"按钮 ，再单击"视图"工具栏→"西南等轴测"按钮 ，则用户坐标系的 *XOY* 平面将设为与水平面对齐，同时绘图环境设为三维状态。

2）执行"圆"命令，在 *XOY* 平面内拾取一点作为圆心，绘制一个 $\phi$20mm 的圆，该圆即为截面 1。

3）单击状态栏→"对象捕捉"和"对象捕捉追踪"按钮，再次执行"圆"命令，当命令行提示要指定圆心时，将光标移至截面 1 的圆心处，出现捕捉圆心的标记，此时不要单击，再将光标向上移动，出现一条竖直的追踪线，如图 7-21 所示。输入数值"30"，按 <Enter> 键即指定了截面 2 的圆心，再输入圆的半径"9"，完成截面 2 的创建。用同样的方法完成截面 3 和 4 的创建。

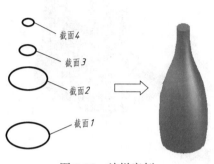

图 7-20　放样案例

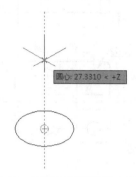

图 7-21　追踪法确定截面 2 的圆心

4）调用"放样"命令，创建放样三维实体，按命令提示做如下操作：

命令：_loft

当前线框密度：ISOLINES=4，闭合轮廓创建模式 = 实体

按放样次序选择横截面或 [ 点（PO）/ 合并多条边（J）/ 模式（MO）]：_MO 闭合轮廓创建模式 [ 实体（SO）/ 曲面（SU）]＜实体＞：_SO

按放样次序选择横截面或 [ 点（PO）/ 合并多条边（J）/ 模式（MO）]：选择截面 1

按放样次序选择横截面或 [ 点（PO）/ 合并多条边（J）/ 模式（MO）]：选择截面 2

按放样次序选择横截面或 [ 点（PO）/ 合并多条边（J）/ 模式（MO）]：选择截面 3

按放样次序选择横截面或 [ 点（PO）/ 合并多条边（J）/ 模式（MO）]：选择截面 4

按放样次序选择横截面或 [ 点（PO）/ 合并多条边（J）/ 模式（MO）]：✓（按 <Enter> 键结束截面选择）

选中了 4 个横截面

输入选项 [ 导向（G）/ 路径（P）/ 仅横截面（C）/ 设置（S）]＜仅横截面＞：✓（按 <Enter> 键接受默认选项）

5）单击"视觉样式"工具栏→"真实"按钮 ⬤，最终效果如图 7-20 所示。

## 任务四　组合体的三维建模

在创建实体模型之前，用户首先要利用形体分析法对该模型进行形体分析。分析的主要内容包括可拆分为几个组成部分、如何创建各组成部分。当搞清楚这些问题后，实体建模就变得相对比较容易了。

本任务将绘制如图 7-22 所示的组合体三维实体。本任务的绘制思路是：该立体可分成底板Ⅰ、支撑板Ⅱ、圆柱筒Ⅲ及肋板Ⅳ四部分，可分别先画出这四个形体的二维特征图，利用"拉伸"等命令创建三维实体，调整好各形体的位置，再通过布尔运算完成该组合体的三维实体建模，具体操作步骤如下。

组合体的三维建模

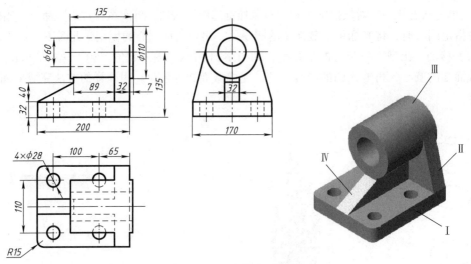

图 7-22　组合体造型案例

### 一、画出各部分的形体特征图

单击"视图"工具栏→"俯视"按钮，切换到俯视状态，并在"视觉样式"工具栏中单击"二维线框"按钮，然后根据图 7-22 所示各形体的尺寸绘出形体的二维特征图（图 7-23）。注意：为后续组装方便，肋板的高度可直接延伸至圆柱筒的轴线处，即尺寸为 103mm。

### 二、底板的三维建模

1）将底板特征平面图转换成面域。单击"绘图"工具栏上按钮，或输入"Reg"或单击"绘图"菜单栏→"面域"命令，然后选中图 7-23a 所示底板上全部线框，其结果是将图中 4 个圆和一个带圆角的矩形外框转换成 5 个面域，单击"视图"工具栏→"西南等轴测"按钮，再单击"视觉样式"工具栏→"概念"按钮，如图 7-24a 所示。

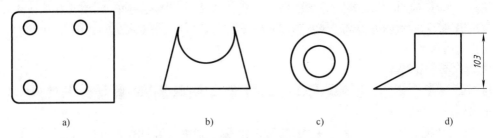

图 7-23　组合体各部分的二维特征图

a）底板　b）支撑板　c）圆柱筒　d）肋板

**提示**

　　由"圆""椭圆"和"多边形"等命令生成的封闭图形可直接作为截面进行"拉伸""旋转"等操作，不再另外需要进行"面域"操作。本任务中带圆角的矩形外框需要进行面域操作。

2）单击"建模"工具栏上的按钮，或输入"Ext"（Extrude 别名），启用"拉伸"命令，将底板平面图中创建的 5 个面域全部选中，输入拉伸高度"32"，操作结果为创建了 5 个拉伸实体，如图 7-24b 所示。

3）对实体进行"差集"操作。单击"建模"工具栏或功能区"实体"选项卡→"布尔值"面板→按钮 ▣ ，或在命令行输入"SUBTRACT"，或单击"修改"菜单栏→"实体编辑"→"差集"命令，按命令行提示进行做操作：

命令：_subtract

选择要从中减去的实体、曲面和面域...

选择对象：选择带圆角的长方体作为被减实体，也就是要保留的对象

选择对象：✓（按 <Enter> 键结束被减实体选择）

选择对象：选取创建的 4 个圆柱体作为要减去的实体

选择对象：✓（按 <Enter> 键结束选择）

其结果为从长方体中减去了 4 个圆柱体。

单击"视图"工具栏→"西南等轴测"按钮 ▣ ，底板部分的三维效果如图 7-24c 所示。该结构的位置符合其在立体中的位置，无须再进行操作。

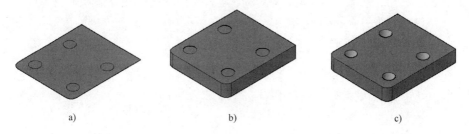

图 7-24　底板的三维建模（方法一）

a）生成面域　b）拉伸　c）差集

**提示**

　　差集是布尔运算中的一种，在三维建模中使用非常广泛，其作用是从一些实体中减去一个或多个实体，从而生成一个新的实体，如打孔、切槽等。注意：选择对象时有先后顺序，先选择要保留的实体，按 <Enter> 键后，再选择要去除的实体。如果进行差集运算的两个实体对象不相交，则在该运算操作后系统将自动删除被减去的实体对象。

除上述方法外，还可以采用"按住并拖动"命令完成该底板的三维建模。单击"建模"工具栏上的按钮 ▣ 或功能区"常用"选项卡或"实体"选项卡→按钮 ▣ ，或在命令行输入"PRESSPULL"，可启用该命令，具体操作如下：

命令：_presspull

选择对象或边界区域：选择要从中减去的实体、曲面和面域...

差集内部面域...

指定拉伸高度或 [ 多个（M）]：将光标移至图 7-23a 所示底板的二维特征图上，此时系统将自动捕捉边界区域，如图 7-25a 所示

指定拉伸高度或 [ 多个（M）]：32 ✓（在图形内部单击一下，然后指定拉伸的方向和高度，按 <Enter> 键结束操作，如图 7-25b 所示）

操作后的结果如图 7-25b 所示，直接生成带有四个圆柱孔的底板。

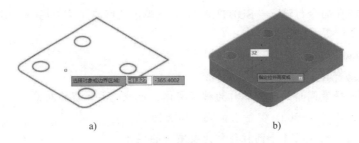

图 7-25　底板的三维建模（方法二）

a）选取边界区域　b）指定拉伸方向和高度

**提示**

　　使用"拉伸"和"按住并拖动"命令都可以将图形进行拉伸，但要注意两者的区别。"拉伸"命令可将原有二维视图直接生成曲面模型和实体模型，前提是二维特征图一定要处理成面域或多段线。

　　"按住并拖动"命令只能创建实体模型，其原有的二维特征图只需要封闭即可，且完成该命令的操作后，原有的二维特征线框仍然存在。另外，"按住并拖动"命令仅可将当前坐标平面（即 $XOY$ 平面）上的封闭区域进行拉伸。如果该封闭区域不在 $XOY$ 平面上，则该命令对此封闭区域无法进行拉伸操作。

**三、支撑板的三维建模**

1）利用"拉伸"按钮■（注意：前提是已创建好面域）或者"按住并拖动"按钮■，并根据图 7-23b 所示支撑板的二维特征图完成该部分的三维建模，拉伸高度为 32mm，结果如图 7-26a 所示。

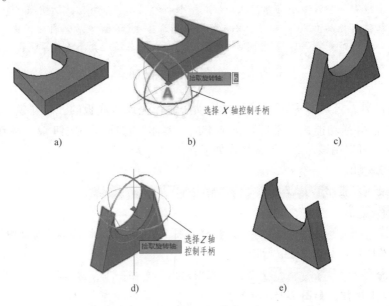

图 7-26　支撑板的三维建模（方法一）

2）旋转支撑板，使其与图 7-22 所示的位置相符。单击"建模"工具栏或功能区"常用"选项卡→"修改"面板→"三维旋转"按钮 ⊕，或单击"修改"菜单栏→"三维操作"→"三维旋转"命令，或在命令行输入"3DROTATE"，按命令行提示做如下操作：

命令：_3drotate

UCS 当前的正角方向：ANGDIR= 逆时针  ANGBASE=0

选择对象：选择图 7-26a 所示的实体作为旋转对象

选择对象：✓（按 <Enter> 键结束选择，此时出现"三维旋转小控件"，红色、绿色和蓝色三个圆环分别代表 X、Y 及 Z 轴的控制手柄）

指定基点：选择支撑板左下角点 A（此时该控件中心移至点 A 处，如图 7-26b 所示）

拾取旋转轴：将光标移至如图 7-26b 所示的 X 轴控制手柄（此时圆环由红色变为黄色并出现一条垂直于圆环的轴线，单击拾取）

指定角的起点或键入角度：90 ✓（输入旋转角度）

完成"三维旋转"操作后的支撑板效果如图 7-26c 所示。由于其位置仍与图 7-22 所示的位置不符，因此仍需要使用"三维旋转"命令调整其位置。

继续使用"三维旋转"命令，单击该立体中的任一点作为旋转基点。选择如图 7-26d 所示的 Z 轴控制手柄，旋转角度为 90°，操作结果如图 7-26e 所示。经过两次旋转操作，支撑板的位置已满足要求。

**提示**

　　"三维旋转"命令可以使对象绕 3D 空间三根轴旋转，三根轴为通过基点并与用户坐标系的 X、Y 或 Z 轴平行。在指定旋转角度时，应根据旋转方向来确定输入角度的正负，旋转方向为正则输入正值，反之则负。而旋转正方向是根据右手定则来确定的，即右手大拇指指向与平行于旋转轴的坐标轴正方向相同时，四指的环绕方向就是旋转正方向。

**【技巧】利用UCS及"复制"和"粘贴"操作取代"三维旋转"操作**

　　本任务中，反映支撑板特征的投影图形位于三视图中的左视图内，由于图形是在世界坐标系 XOY 平面上绘制的，故"拉伸"操作后获得的支撑板的摆放方位不符合要求，因此需要进行"三维旋转"操作方能获得正确的方位，这种操作较为烦琐。这里可结合"UCS"工具栏及"复制"和"粘贴"等功能快速完成该支撑板的三维建模，具体方法如下：

　　1）单击"UCS"工具栏上的按钮，确保当前坐标系为世界坐标系，再单击"视图"工具栏→"西南等轴测"按钮，如图 7-27a 所示。

　　2）单击"编辑"工具栏→"复制"按钮或直接按 <Ctrl+C> 键，将图 7-27a 所示的支撑板二维特征图复制到剪贴板上。

　　3）单击"视图"工具栏→"左视"按钮，然后单击"视图"工具栏→"西南等轴测"按钮，此时 XOY 平面发生了变化，与左视投影面平行。单击"编辑"工具栏→"粘贴"按钮或直接按 <Ctrl+V> 键从剪贴板上粘贴到当前视图中，此时支撑板二维特征图的位置如图 7-27b 所示。

　　4）利用"拉伸"命令完成支撑板的拉伸，此时形体的位置已符合要求，无须再做调整。

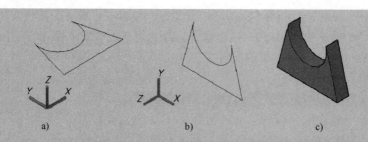

图 7-27　支撑板的三维建模（方法二）

a）原特征图位置及 UCS 坐标系　b）调整后特征图位置及 UCS 坐标系　c）拉伸造型

也可将绘图平面切换到与世界坐标系 $YOZ$ 平面对齐，直接在该平面上绘制支撑板的二维特征视图，最后再进行拉伸，则获得的实体方位直接符合要求。

用此方法操作形成的三维实体的位置可直接满足要求，该方法较为方便快捷。前提是二维特征图的放置平面一定要选对。

### 四、圆柱筒的三维建模

参照上述技巧中的支撑板的三维建模方法完成圆柱筒实体的创建，如图 7-28 所示。注意：此时两个圆柱实体是独立的，未进行差集运算；此时 $XOY$ 平面与左视投影面平行。

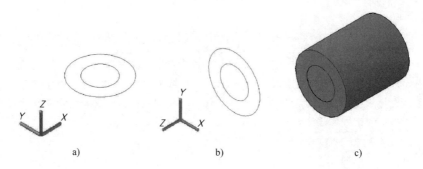

图 7-28　圆柱筒的三维建模

a）原特征图位置及 UCS 坐标系　b）调整后特征图位置及 UCS 坐标系　c）拉伸高度 135mm

### 五、肋板的三维建模

完成肋板的创建，如图 7-29 所示。注意：此时 $XOY$ 平面与主视投影面平行。

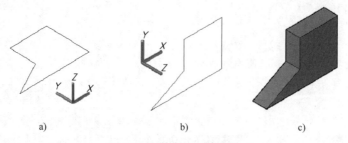

图 7-29　肋板的三维建模

a）原特征图位置及 UCS 坐标系　b）调整后特征图位置及 UCS 坐标系　c）拉伸高度 32mm

至此，该组合体中各部分的三维建模均已完成，且位置均与组合体中的位置相符，结果如图 7-30 所示。

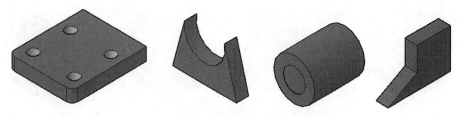

图 7-30　组合体各组成部分的三维建模

**六、各部分实体的组装**

在进行完组合体各部分的三维建模后，接下来可利用"三维移动"命令完成各部分的组装。

1. 底板与支撑板的组装

单击"建模"工具栏上"三维移动"按钮 ⚙，或单击功能区"常用"选项卡→"修改"面板→"三维移动"按钮 ⚙，或在命令行输入"3DMOVE"，启用"三维移动"命令，按命令行提示做如下操作：

命令：_3dmove

选择对象：（选择支撑板作为移动对象）

选择对象：✓（按 <Enter> 键结束选择，选择的对象上将出现"三维移动小控件"，具体显示为一个彩色的坐标轴图标）

指定基点或 [ 位移（D）] < 位移 > ：（拾取如图 7-31 所示的支撑板角点 B）

指定第二个点或 < 使用第一个点作为位移 > ：（拾取如图 7-31 所示的底板角点 A）

操作后的结果如图 7-32a 所示，完成底板与支撑板的组装。

2. 圆柱筒部分的组装

选择圆柱筒部分作为移动对象，拾取圆柱筒的右端面圆心 Q（图 7-31）作为基点，选取支撑板的右表面圆心 P（图 7-31）作为第二点，完成"移动"操作，此时圆柱筒的右端面与选取支撑板的右表面平齐，如图 7-32b 所示，目前暂时不符合位置要求。再次执行"三维移动"命令，选择圆柱筒实体作为移动对象，然后单击与世界坐标系 X 轴相平行的圆柱筒上的彩色坐标轴，向右移动光标，输入距离 7mm，完成圆柱筒与支撑板的相对位置操作，结果如图 7-32c 所示。经过两次移动，完成圆柱筒部分的组装。

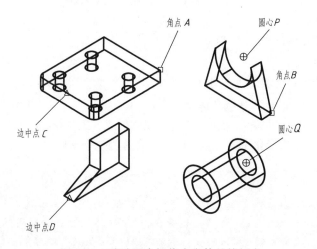

图 7-31　移动组合操作中实体的特征点

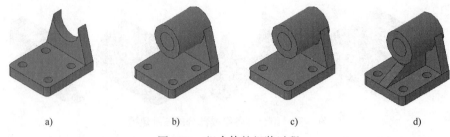

图 7-32　组合体的组装过程

a）底板与支撑板的组装　b）圆柱筒部分的组装过程 1　c）圆柱筒部分的组装过程 2　d）肋板的组装

3. 肋板的组装

重复执行"三维移动"命令，选择肋板实体作为移动对象，拾取肋板底面左侧边线的中点 D（图 7-31）作为基点，选取底板上表面的左侧边线的中点 C（图 7-31）作为第二点，结果如图 7-32d 所示。

至此，完成该组合体四部分的组装。需要指出的是，尽管此时各部分的位置已按具体要求组装到位，但实际上仍是四个部分，相互是独立的，尚未形成一个整体，还需进行下一步操作。

**提示**

　　"三维移动"命令除可以按上述拾取基点及第二点以确定移动的距离和方向进行操作外，还可以单击所选择对象上的彩色坐标轴中的某一轴，此时会出现一条沿该轴两端无限延伸的直线，拖动鼠标时所选定的实体对象将沿该轴方向移动，在合适的位置处单击或输入移动距离，即可实现对象的三维移动。若将光标停留在两轴之间，会出现一个黄色平面框，选择该平面框，则所选对象将只能在该平面上移动。

**七、布尔运算**

1. "并集"操作合成为整体

单击"建模"工具栏或功能区"实体"选项卡→"布尔值"面板→按钮 ▨ ，或在命令行输入"UNION"，或单击"修改"菜单栏→"实体编辑"→"并集"命令，按命令行提示做如下操作：

命令：_union

选择对象：选择底板

选择对象：选择支撑板

选择对象：选择肋板

选择对象：选择圆柱筒部分的大圆柱

选择对象：↙（按 <Enter> 键结束选择）

完成组合体四部分的"并集"操作，单击"视觉样式"工具栏→"真实"按钮 ● ，结果如图 7-33a 所示。从外观上看变化不大，但实际上已合并为一个整体。

**提示**

　　并集运算是布尔运算中的一种，可将多个实体和曲面进行合并生成新的实体。若对两个相交对象进行合并，则会在相交处产生交线；若对两个不相交的对象进行合并，则合并后模型的外观变化不大，但所有参与运算的对象将变成一个整体。

2. "差集" 操作形成圆柱筒

单击 "建模" 工具栏上的按钮 ![icon]，选中上一步已合并成整体的实体作为被减实体，选中小圆柱作为要减去的实体，按 <Enter> 键完成 "差集" 操作，结果如图 7-33b 所示。

至此，存盘完成该组合体三维实体的建模。

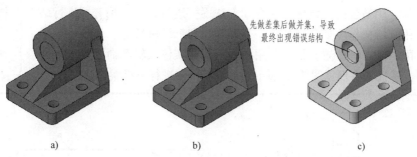

图 7-33 组合体的布尔运算

a) 先 "并集" 操作　b) 后 "差集" 操作　c) 错误组装

**【技巧】关于并集和差集的运算顺序**

三维建模时应养成先做并集、后做差集运算的习惯，以避免由于操作顺序不当，导致出现不符合预期的三维效果。对上述组合体各部分进行布尔运算时，如果利用差集先创建好圆柱筒，然后再将它们进行并集，则会出现结构性错误，如图 7-33c 所示。

**【拓展】布尔运算的交集运算**

布尔运算中除了有并集运算和差集运算外，还有交集运算。该命令可以创建两个或两个以上实体对象的公共部分。这里以图 7-34a 所示两个形体的交集运算为例进行说明。

单击 "建模" 工具栏或功能区 "实体" 选项卡→ "布尔值" 面板→按钮 ![icon]，或在命令行输入 "INTERSECT"，或单击 "修改" 菜单栏→ "实体编辑" → "并集" 命令，按命令行提示做如下操作：

命令：_intersect

选择对象：选择图 7-34b 所示的形体 1

选择对象：选择图 7-34b 所示的形体 2

选择对象：↙ （按 <Enter> 键结束选择）

操作结果如图 7-34c 所示。

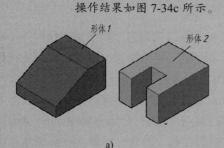
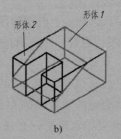
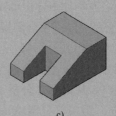

图 7-34 交集运算案例

a) 两形体　b) 交集运算前　c) 交集运算后

# 任务五　机械零件的三维建模

在进行机械零件的三维建模时，首先应分析图形，根据各种视图想象零件的内外结构，然后用形体分析法将零件分解成各个部分，分析每一组成部分的形体特征，用适合的三维建模命令和方法逐一进行建模，接着再进行结构拼装，使用三维操作（如三维移动、三维阵列和三维旋转等）命令将各组成部分"装配"到正确位置，最后使用布尔运算或实体编辑等命令完成零件的预期建模。本任务将根据图 7-35 所示的端盖零件图进行三维实体建模。

零件的三维建模

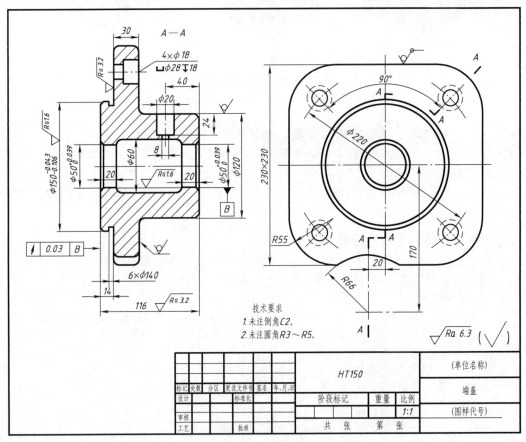

图 7-35　端盖零件图

从端盖零件图分析可知，这是一个典型的盘盖类零件，采用两个视图来表达内外结构，其中主视图采用 *A—A* 全剖视图，通过一个复合的剖切线路反映出端盖的内部结构，左视图则通过视图表达出其外形特征。从外形上看，主体结构自左向右依次可分成大圆柱、方板和小圆柱三部分。方板上面有四个柱形沉孔，在 $\phi$220mm 圆周上呈 45° 方向均匀分布，其下方另有弧形缺口。从内形上分析，端盖的内腔结构为多段圆柱孔，内孔分别为 $\phi$50mm、$\phi$60mm 和 $\phi$50mm，距端盖右端 40mm 处的上部有一台阶状的圆柱孔。另外，端盖上还有倒角及倒圆等工艺结构。

综合考虑，本案例的三维造型思路为：根据视图分析，该立体外形可以看作是由图 7-36 所示的特征图 Ⅰ 和特征图 Ⅱ 所形成的结构组合而成，其中特征图 Ⅰ 经过拉伸、三维阵列等操作形成结构Ⅰ，即端盖中的方板结构；特征图Ⅱ经旋转后形成结构Ⅱ，结构Ⅱ为端盖中的回转外形。内部结构主要由特征图Ⅲ和特征图Ⅳ所形成的回转结构Ⅲ和Ⅳ组成。因此，可先画出这四个特征图（图7-36），分别创建出四个子实体，最后通过对四个子实体进行移动、布尔运算及倒角、倒圆等操作，最终完成端盖的三维建模。根据这一思路，下面开始对端盖零件进行三维建模。

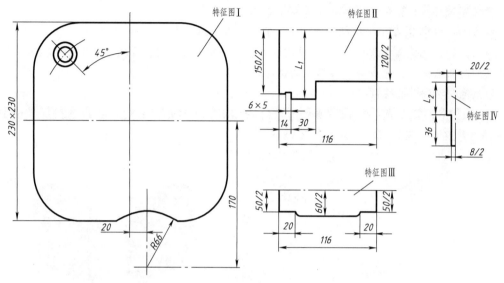

图7-36　端盖上各组成部分特征图及主要尺寸

### 一、结构Ⅰ的三维建模

1）单击"视图"工具栏→"左视"按钮，即将 $XOY$ 平面切换到与左视投影面平行，再在"视觉样式"工具栏中单击"二维线框"按钮，然后绘制如图7-36所示方板的特征图Ⅰ，并生成面域。单击"视图"工具栏→"西南等轴测"按钮 ◈，操作结果如图7-37a所示。

2）使用"拉伸"命令对方板外轮廓进行拉伸，拉伸高度为30mm，生成方板外形，如图7-37b所示。注意：如拉伸方向与 $Z$ 轴相同，则拉伸高度为正值，反之则输入负值。

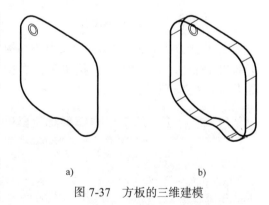

a)　　　　　　　　b)

图7-37　方板的三维建模

3）使用"拉伸"命令分别对沉孔投影 $\phi 28mm$ 和 $\phi 18mm$ 的圆进行拉伸，拉伸高度分别为18mm、30mm，然后用"并集"命令，将这两个圆柱合并为一个整体，如图7-38a所示。

4）利用"直线"命令在刚创建的方板的左端面上绘制一条辅助线 $AB$，其中 $A$、$B$ 两个端点分别是方板上前后两条边线的中点，如图7-38a所示。

5）单击"建模"工具栏或功能区"常用"选项卡→"修改"面板→"三维阵列"按钮 ▣，或单击"修改"菜单栏→"三维操作"→"三维阵列"命令，或在命令行输入"3DARRAY"，按命令行提示做如下操作：

命令：_3darray

选择对象：（选择上一步骤中已合并的两个圆柱）

选择对象：✓（按 <Enter> 键结束选择）

输入阵列类型 [矩形（R）/环形（P）] <P>：P（选择环形阵列）

输入阵列中的项目数目：4 ✓（输入阵列数量）

指定要填充的角度(+=逆时针，-=顺时针)<360>：360 ✓（系统默认，直接按<Enter>键即可）

旋转阵列对象？[是（Y）/否（N）] <Y>：Y（默认旋转对象）

指定阵列的中心点：（捕捉辅助线 AB 的中点作为阵列的中心点）

指定旋转轴上的第二点：_.UCS（单击状态栏"正交开关" ⌐，系统自动嵌套"UCS"命令，沿 Z 轴方向任选一点，完成轴上第二点的选择）

当前 UCS 名称：*俯视*

指定 UCS 的原点或 [面（F）/命名（NA）/对象（OB）/上一个（P）/视图（V）/世界（W）/X/Y/Z/Z 轴（ZA）] <世界>：_ZAXIS

完成"三维阵列"操作后的效果如图 7-38b 所示。

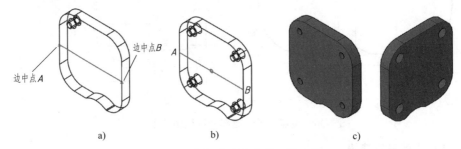

a)　　　　　　　b)　　　　　　　c)

图 7-38　方板中均布孔的三维建模

a）两个圆柱拉伸后合并　b）三维阵列　c）差集运算后从不同角度观察

6）由于方板上的这四处沉孔与其他结构不存在关联，因此可先使用"差集"命令生成方板上的四处沉孔。单击"概念"按钮⬤，单击按钮◈和◈分别从西南和东南等轴测图方向观察，效果如图 7-38c 所示。

**【拓展】三维模型其他操作命令**

　　为了更方便地创建复杂模型，系统还提供了一些关于三维模型的操作命令，除了前面已介绍过的"三维移动""三维旋转""三维阵列"外，还有如"三维对齐"和"三维镜像"等命令。

　　1）"三维对齐"（3Dalign）。它用以在三维中对齐对象。使用该命令可以指定最多三个点以定义源平面，然后指定最多三个点以定义目标平面。对象上的第一个源点（称为基点）将始终被移动到第一个目标点。

　　2）"三维镜像"（Mirror3d）。它可以通过指定镜像平面来镜像对象。镜像平面可以是平面对象所在的平面、通过指定点且与当前 UCS 的 XOY、YOZ 或 XOZ 平面平行的平面或者是由三个指定点所定义的平面。

　　"三维阵列"（3Darray）除了上面的"环形阵列"选项外，还有"矩形阵列"选项。

**二、结构Ⅱ和结构Ⅲ的三维建模**

1）单击"视图"工具栏→"前视"按钮，即将 XOY 平面切换到与主视投影面平行，再在"视觉样式"工具栏中选择"二维线框"按钮，然后绘制如图 7-36 所示的特征图Ⅱ及特征图Ⅲ，并将其生成面域。注意：尺寸 $L_1$ 为端盖中部通过假想切割获得的回转结构在其切割处的半径，$L_1$ 的尺寸可取端盖中部最大回转结构的半径值附近，这里 $L_1$ 取 80mm。单击"视图"工具栏→"西南等轴测"按钮，结果如图 7-39a 所示，然后使用"旋转"命令（Revolve），分别将上述两个特征图面域绕各自的轴线旋转生成两个回转结构Ⅱ和Ⅲ，结果如图 7-39b 所示。

2）使用"三维移动"命令将上述两个回转体左侧的两圆心进行重合，操作结果如图 7-39c 所示。

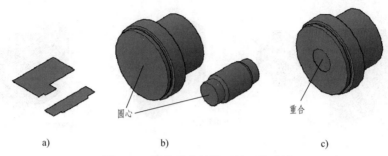

a)　　　　　　　　　　b)　　　　　　　　　　c)

图 7-39　结构Ⅱ和结构Ⅲ的三维建模

a）特征图Ⅱ、Ⅲ的面域　b）内外部回转体　c）移动定位

### 三、结构Ⅳ的三维建模

单击"视图"工具栏→"前视"按钮，继续保持 $XOY$ 平面与主视投影面平行，再在"视觉样式"工具栏中单击"二维线框"按钮，然后绘制如图 7-36 所示的特征图Ⅳ，并将其生成面域。注意：尺寸 $L_2$ 为端盖右侧台阶孔造型中上部 $\phi 20$mm 圆柱的高度，为了确保将 $\phi 120$mm 的圆柱面打穿，尺寸要大于该段孔深 24mm；尺寸 36mm 是端盖右侧台阶孔的台阶面到孔 $\phi 50$mm 轴线的距离，这样做是为了方便后期该台阶孔实体造型后的定位。单击"视图"工具栏→"西南等轴测"按钮，结果如图 7-40a 所示。然后使用"旋转"命令（Revolve）生成台阶状圆柱体，即结构Ⅳ，效果如图 7-40b 所示。

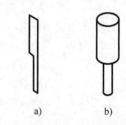

a)　　　　b)

图 7-40　结构Ⅳ的三维建模

a）特征图Ⅳ位置的转换　b）旋转生成回转体

### 四、四块结构的装配

1.创建由结构Ⅱ、结构Ⅲ和结构Ⅳ构成的回转结构子装配

由于结构Ⅳ在结构Ⅱ和结构Ⅲ的右侧，用"西南等轴测"视图方式不方便观察，故改用"东南等轴测"视图方式进行观察，如图 7-41a 所示。使用"三维移动"命令，将结构Ⅳ的小圆柱的下部圆心与结构Ⅱ或结构Ⅲ右侧的圆心重合（图 7-41b），然后再将结构Ⅳ沿结构Ⅱ或结构Ⅲ的轴线方向往左移动，移动距离为 40mm（图 7-41c），完成回转结构子装配的创建。

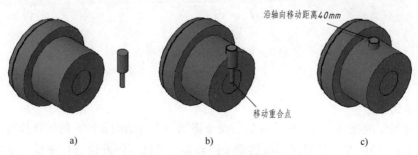

a)　　　　　　　　　　b)　　　　　　　　　　c)

图 7-41　回转体部分结构的装配

a）初始位置　b）第一次移动（两圆心重合）　c）第二次移动

2.回转结构与结构Ⅰ的装配

单击"视图"工具栏→"西南等轴测"按钮,使用"三维移动"命令将结构Ⅰ中的原阵列中心点(辅助线 AB 的中点)与子装配左端面的圆心重合(图7-42a),移动结果如图7-42b所示。然后再沿结构Ⅱ或结构Ⅲ的轴线方向往左移动,移动距离为14mm(图7-42c),完成回转结构子装配与结构Ⅰ的装配。至此,完成四大块结构的装配。

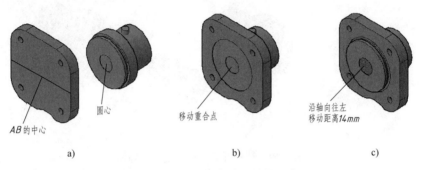

图 7-42　方板与回转体部分结构的装配
a)初始位置　b)第一次移动　c)第二次移动

**提示**

　　在进行复杂零件的三维建模时,建议从不同视图去观察,特别是从主、俯、左三个视图中观察各组成部分的空间位置,以确保各部分装配到位。若观察角度不好,则要从多个视点来观察各块的相对位置,否则很容易出现"装配"偏差。

　　以本任务为例,可通过"视图"工具栏→按钮 ⬚(前视)及 ⬚(左视)观看,结合"视觉样式"工具栏上按钮 ⬚(二维线框),对照端盖零件图进行查看,以确保零件各部分造型及位置的正确性。图7-43所示为四部分装配后的视图。

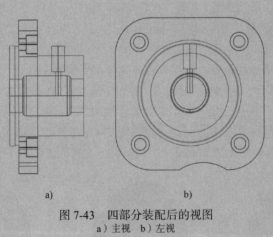

图 7-43　四部分装配后的视图
a)主视　b)左视

**五、布尔运算**

按照先并后差的顺序,先使用"并集"命令将结构Ⅰ与结构Ⅱ形成的回转体合并,再使用"差集"命令减去结构Ⅲ、结构Ⅳ形成的两个回转体,可从不同方位进行观察,结果如图7-44所示。

### 六、倒角、倒圆等细节处理

1）使用"倒角边"命令对端盖左、右两侧的内外圆柱进行倒角，位置如图 7-45a 所示。单击"实体编辑"工具栏或功能区"实体"选项卡→"实体编辑"面板→"倒角边"按钮 ，或单击"修改"菜单栏→"实体编辑"→"倒角边"命令，或在命令行输入"CHAMFEREDGE"，按命令行提示做如下操作：

图 7-44　布尔运算后的端盖造型

命令: _CHAMFEREDGE
距离 1 =1.0000，距离 2 = 1.0000
选择一条边或 [ 环（L）/ 距离（D）]：D↙（选择倒角距离选项）
指定距离 1 或 [ 表达式（E）] <1.0000>：2↙（设置第一个倒角距离为 2mm）
指定距离 2 或 [ 表达式（E）] <1.0000>：2↙（设置第二个倒角距离也为 2mm）
选择一条边或 [ 环（L）/ 距离（D）]：选择图 7-45a 所示的左端外圆柱
选择一条边或 [ 环（L）/ 距离（D）]：选择图 7-45a 所示的左端内圆柱
选择同一个面上的其他边或 [ 环（L）/ 距离（D）]：↙（按 <Enter> 键结束选择）
按 Enter 键接受倒角或 [ 距离（D）]：↙（按 <Enter> 键结束选择）

同理，完成右侧内外圆柱的 C2 倒角。

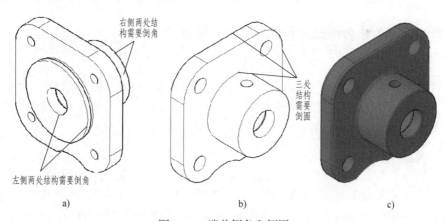

图 7-45　端盖倒角和倒圆
a）需要倒角的结构　b）需要倒圆的结构　c）倒角及倒圆后的效果

2）使用"圆角边"命令对端盖中部方板处进行 3 处倒圆，圆角半径为 R3~R5mm，位置如图 7-45b 所示。单击"实体编辑"工具栏或功能区"实体"选项卡→"实体编辑"面板→"圆角边"按钮 ，或单击"修改"菜单栏→"实体编辑"→"圆角边"命令，或在命令行输入"FILLETEDGE"，按命令行提示做如下操作：

命令: _FILLETEDGE
半径 = 1.0000
选择边或 [ 链（C）/ 环（L）/ 半径（R）]：R↙（选择半径选项）
输入圆角半径或 [ 表达式（E）] <1.0000>：4↙（设置圆角半径为 4mm）
选择边或 [ 链（C）/ 环（L）/ 半径（R）]：选择图 7-45b 所示的方板结构中的一条边
选择边或 [ 链（C）/ 环（L）/ 半径（R）]：C↙（选择"链"选项）

选择边链或[边（E）/半径（R）]：选择刚选中的方板上的边线，此时系统自动选择一封闭链

选择边链或[边（E）/半径（R）]：继续选择需要倒圆的边

……

已选定21个边用于圆角。

按Enter键接受圆角或[半径（R）]：✓（按<Enter>键结束选择）

完成端盖上3处结构的倒圆操作，结果如图7-45c所示。

至此，存盘完成端盖零件的最终建模。

**提示**

三维实体中除了可用"圆角边"（FILLETEDGE）及"倒角边"（CHAMFEREDGE）两个三维命令来进行倒圆和倒角操作外，也可用二维绘图中的"圆角"（FILLET）及"倒角"（CHAMFER）命令来进行，命令操作方法类似，这里不再赘述。注意：在三维实体中"倒角边"命令作用的对象是"边"或"环"，而"圆角边"命令作用的对象是"边"或"链"。

在AutoCAD操作中，对三维实体倒圆时要注意操作顺序，尽量使用"链"操作，否则极易操作失败。如果出现失败，命令行会显示："建模操作错误：检测到的情况太复杂，无法封口。未能进行光顺。圆角失败。"

**【拓展】控制三维实体显示的系统变量**

AutoCAD中用来控制三维实体显示常用的系统变量有ISOLINES、DISPSILH和FACETRES。

ISOLINES用来控制分格线数目，可改变实体的表面轮廓线密度。该变量的有效值为0~2047，初始值为4。分格线数目越大，实体越易于观察，但是等待显示时间加长。

DISPSILH控制实体轮廓边的显示，取值0或1，默认值为0表示不显示轮廓边，设置为1则显示轮廓边。

FACETRES调节经HIDE（消隐）、SHADE（着色）、RENDER（渲染）后实体的平滑度，有效值为0.01~10.0，默认值为0.5。数值越大，显示越光滑，但执行HIDE等命令时等待显示时间加长。通常在进行最终输出时，才增大其值。

图7-46所示为不同的系统变量ISOLINES对端盖实体产生的不同效果。

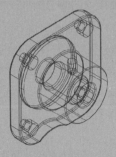 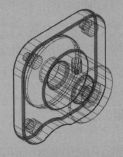

a)　　　　　　　　　b)

图7-46　不同的系统变量ISOLINES对端盖实体产生的不同效果

a）ISOLINES=4　b）ISOLINES=20

**【单元细语】三维机械设计应用前景**

　　进入21世纪，随着计算机硬件技术的发展，三维机械设计软件有了很大的进展，给机械设计领域带来了革命性的变化。三维机械设计的真正意义还在于其进一步的专业化应用，如通过三维CAD技术创建的参数化模型，可以提供进行有限元分析的原始基本数据，进而实现产品的优化设计；再比如还可以用仿真替代试制，将三维参数化模型直接转化成虚拟样机来检验设计结构的合理性；还可以根据对零件的加工方法、加工定位基准的选定及其他一些必需的工艺要求，并利用系统的自动编程和后处理功能，然后将程序传递给加工中心直接加工零件。

　　从制造到创造是任何国家都要经历的一个发展过程，随着中国机械行业的不断壮大，设计者也要从中国制造转向中国创造，单凭二维设计是不够的，还需懂得三维设计，只有采用先进的设计技术才会产生先进的制造企业。

# 练一练

1. 根据图 7-47 和图 7-48 所示的图形及尺寸，进行形体的三维建模。

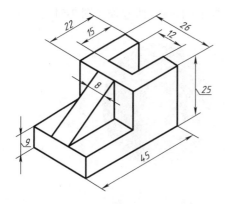

图 7-47　三维建模练习一

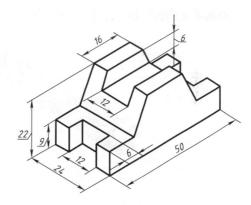

图 7-48　三维建模练习二

2. 根据单元三的组合体三视图（图 3-54 ～图 3-57），进行组合体的三维建模（图 7-49）。

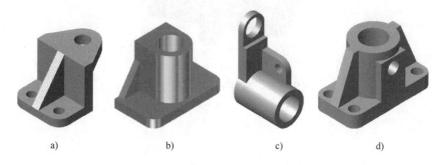

a)　　　　　　　b)　　　　　　　c)　　　　　　　d)

图 7-49　组合体的一组三维建模

3. 根据单元三的机件视图（图 3-58 ～图 3-62），进行机件的三维建模（图 7-50）。

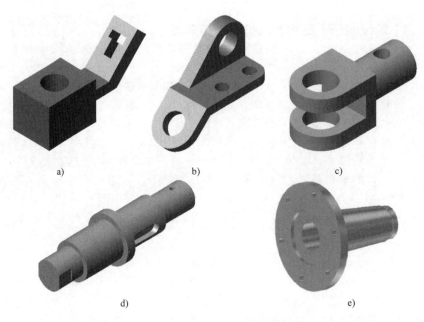

图 7-50　机件的一组三维建模

4. 根据单元四的零件图（图 4-86 ~ 图 4-88），进行零件的三维建模（图 7-51）。

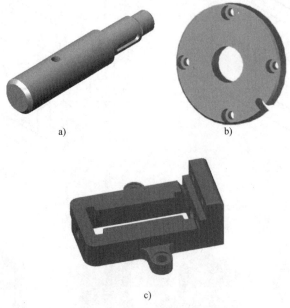

图 7-51　零件的一组三维建模

# 单元八　图形的输入输出及打印发布

## 学习导航

| 学习目标 | 了解 CAD 图形的输入、输出、打印及发布功能。 |
| --- | --- |
| 学习重点 | 图形文件的输入输出类型与方式、图形文件的打印与发布设置。 |
| 相关命令 | 输入、输出、打印、发布。 |
| 建议课时 | 2～4 课时。 |

AutoCAD 2020 提供了图形输入与输出接口，用户不仅可以将其他应用程序中的数据传送给 AutoCAD 2020，还可以打印 AutoCAD 2020 绘制好的图形，或把信息输出后传递给其他应用程序。

## 任务一　图形的输入与输出

AutoCAD 以 DWG 格式保存图形文件，但这种格式不能适用于其他软件平台或应用程序。若要在其他应用程序中使用 AutoCAD 图形，必须将其转换为特定的格式。AutoCAD 2020 可以输出多种格式文件供用户在不同软件之间进行数据交换。此外，AutoCAD 2020 也可以打开和使用由其他软件生成的图形文件。常见的文件输入与输出格式有 DXF、DXB、SAT 及 WMF 等，具体含义如下：

1）BMP：位图文件，该格式可以供所有图像处理软件使用。

2）WMF：Windows 图元文件格式。

3）DXF：图形交换格式。

4）DWF：Autodesk Web 格式，便于网上发布。

5）DXX：属性数据的抽取文件。

6）DXB：二进制图形交换格式。

7）ACIS：实体造型系统格式。

8）3DS：3D Studio 文件格式。

9）STL：实体对象立体化文件格式。

10）SAT：ACIS 文件格式。

### 一、输入图形

AutoCAD 2020 既可以将 PDF 和 DGN 等不同格式的文件输入到当前图形中，也可将其他应用程序创建的数据文件（非 DWG 格式，如 ACIS、3DS 及 WMF 等）输入到当前图形中，输入过程中将数据转换为相应的 DWG 文件数据。

单击功能区"插入"选项卡→"输入"面板→"输入"按钮，或单击"插入"工具栏上"输入"按钮，或在命令行输入"IMPORT"均可执行该命令。系统将打开"输入文件"对话框。在"文件类型"下拉列表框中可以看到系统允许输入的格式文件，如图 8-1 所示。

图 8-1 "输入文件"对话框

除此以外，还可以直接利用"插入"工具栏进行各种具体文件类型的输入，如图 8-2 所示。

图 8-2 "插入"工具栏

## 二、输出图形

AutoCAD 2020 可输出 DWF、EPS、WMF、BMP 及 STL 等不同类型格式的文件。在命令行中输入"EXPORT"并按 <Enter> 键，系统将打开"输出数据"对话框，如图 8-3 所示。在"文件类型"下拉列表框中可以选择各种格式的文件类型。

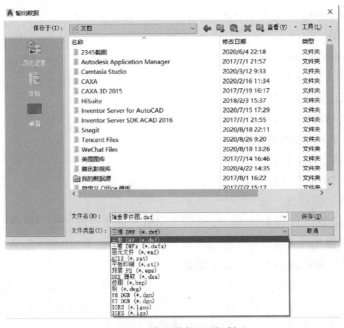

图 8-3 "输出数据"对话框

除此以外，还可以直接单击应用程序 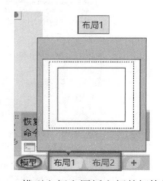 下拉菜单下"输出"命令（图8-4），进行相关格式文件的输出。

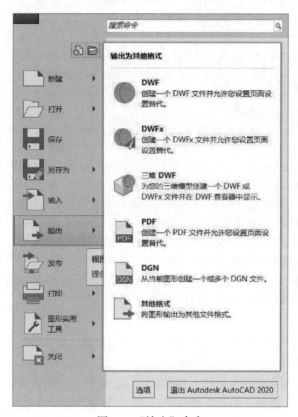

图 8-4　"输出"命令

# 任务二　图形的打印与发布

### 一、图形的打印

AutoCAD 2020 环境中有模型空间和图纸空间两种，其切换按钮位于状态栏的最左端，如图8-5所示。打印输出图形的方式有两种：一是在模型空间中打印输出，二是在图纸空间中利用布局打印输出。模型空间是一个没有边界限制的三维空间，主要用来绘制二维、三维图形，而图纸空间是专门用来出图的。图纸空间又称为"布局"，可以模拟图纸页面，提供直观的打印设置。

用户可以根据实际情况合理地选择打印输出模式。一般来说，如果出图量不大，可用模型空间打印；如果出图量大，则建议运用布局空间出图。限于篇幅，本任务只介绍利用模型空间打印图样。

图 8-5　模型空间和图纸空间的切换按钮

**【拓展】模型空间出图和布局空间出图的比较**

1.模型空间出图

1）优点：所有图样都在一个画面中，查看较为直观；首次出图的设置较少，操作比较简单，易于理解，是一种快捷的打印方式。

2）缺点：在打印页数较多且图幅不一致的情况下，需要提前根据出图比例来逐一调整图框大小，否则注释比例将与视图不匹配，所以该打印方式无法做到"一次设置，多次出图"，需要逐一选用窗口，且出图比例的修改会带来较大工作量，因此该方式不适合大批量图样的打印。

2.布局空间出图

1）优点：该方法将绘图与出图进行了分割，绘图时只需要按照1:1的比例进行绘制，而出图时则在布局空间来设置出图比例及图框大小，因此同一图形可出多种幅面的图样，可确保文字和图形的协调性，用户只需修改其出图比例值即可，由于其出图比例值很容易确定，因此可较方便地对图样进行批量打印。

2）缺点：在图样较多的情况下，查阅不直观；布局设置好后，模型空间的图样一旦发生改变，布局里也会相应改变。

AutoCAD专职绘图人员通常会在模型空间绘制基本图形，然后在图纸空间通过布局图设置图纸幅面、规划图形布局，添加标题栏、注释及图框等要素，为打印做好充分的准备。同时，也可在图形中创建多个布局以显示不同视图，每个布局又可以包含不同的打开比例和图纸关系。

利用"打印"命令可以将图形输出到绘图机、打印机或图形文件中。AutoCAD 2020支持所有的标准Windows输出设备，一般打印机可打印A4或A3幅面的图纸；如果要打印A2、A1、A0及加长幅面的图纸，则必须用专用的工程图纸打印设备——绘图仪。但无论使用哪种打印设备，其操作方法都是相似的。此外，"打印"操作中的"打印预览"功能非常实用，可实现所见即所得。

单击快速访问工具栏中的"打印"按钮🖨，或单击"文件"菜单栏→"打印"命令，或输入命令"PLOT"，或利用快捷键<Ctrl+P>，系统将显示"打印"对话框，单击右下角的"更多选项"按钮⊙，将对话框展开，如图8-6所示，在该对话框中可进行相关打印参数的设置。

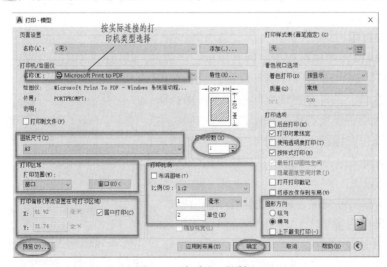

图8-6　"打印"对话框

"打印"对话框中各选项组具体含义如下：

1）"页面设置"选项组用于选定某种页面设置，也可以通过右侧的"添加"按钮来添加新的设置。

2）"打印机／绘图仪"选项组用于设置打印机配置，选中"打印到文件"复选框，可以将选定的布局发送到打印文件，而不是发送到打印机。在"名称"下拉列表框中选择系统所连接的打印机或绘图仪名，此时"名称"下拉列表框的下方将出现有关提示，如当前绘图仪名称、位置以及相应说明。"名称"下拉列表框右侧的"特性"按钮用于确定打印机或绘图仪的配置属性。

3）"图纸尺寸"选项组用于确定图纸尺寸。

4）"打印份数"选项组用于指定每次打印图样的份数。

5）"打印比例"选项组用于确定打印比例，通过"比例"下拉列表框确定打印比例。当选择"自定义"项时，可在下面的文本框中自定义任意打印比例。"缩放线宽"复选框用于确定是否打开线宽比例控制。该复选框只有在打印图纸空间时才会用到。

6）"打印区域"选项组用来确定打印区域的范围。通过"窗口"项可选定打印窗口的大小。"范围"项与"范围缩放"项的操作类似，可打印当前绘图空间内所有包含实体的部分（已冻结层除外）。在使用"范围"项之前，最好先用"范围缩放"命令查看一下系统将打印的内容。"图形界限"项用于打印当前图形界限内的所有对象。"显示"项用于打印当前视窗中所显示的内容。

7）"打印偏移"选项组用于确定打印位置。"居中打印"复选框控制是否居中打印。"X"和"Y"文本框分别控制 X 轴和 Y 轴打印偏移量。

8）"打印样式表"选项组用于确定准备输出的图形的相关参数。"名称"下拉列表框可选择相应的参数配置文件名。如选择其中的"acad.ctb"打印样式，右侧的"编辑"按钮被激活，单击该按钮，系统弹出"打印样式表编辑器 -acad.ctb"对话框的"表格视图"选项卡，如图 8-7所示，在该对话框中可以编辑相关参数。

图 8-7　"打印样式表编辑器 -acad.ctb"对话框

9）"着色视口选项"选项组用于指定着色和渲染视口的打印方式，并确定它们的分辨率大小和DPI值。以前只能将三维图像打印成线框，为了打印着色渲染图像，必须将场景渲染为位图，然后在其他程序中打印此位图。现在使用着色打印可以打印着色三维图像或渲染三维图像，还可以使用不同的着色选项和渲染选项设置多个视口。其中在"着色打印"下拉列表框中可指定视图的打印方式，在"质量"下拉列表框中可指定着色和渲染视口的打印质量。"DPI"文本框指定着色和渲染视图每英寸（in，1in=0.0254m）的点数，最大可为当前打印设备分辨率的最大值。只有在"质量"下拉列表框中选择了"自定义"项后，此选项才可用。

10）在"打印选项"选项组中，"打印对象线宽"复选框用于设置打印时是否显示打印线宽。"按样式打印"复选框用于设置打印规定的打印样式。"最后打印图纸空间"复选框用于设置首先打印模型空间，最后打印图纸空间。在通常情况下，系统首先打印图纸空间，再打印模型空间。"隐藏图纸空间对象"复选框用于设置是否在图纸空间视口中的对象应用"隐藏"操作。此选项仅在"布局"选项卡上可用。此设置的效果反映在打印预览中，而不反映在布局中。

11）"图形方向"选项组用于确定打印方向，其中"纵向"单选按钮用于设置纵向打印方向，"横向"单选按钮用于设置横向打印方向；"上下颠倒打印"复选框用于控制是否将图形旋转180°打印。

12）"预览"按钮用于预览整个图形窗口中将要打印的图形。

完成上述绘图参数设置后，单击"确定"按钮，AutoCAD 2020将开始输出图形并动态显示出图进度。如果图形输出错误或用户要中断出图，可按 <Esc> 键，AutoCAD 2020将结束图形输出。

下面以图7-35所示的端盖零件图打印为例进行说明。要求以1:2的比例打印到A3幅面的图纸上，设置参数如图8-6所示。打印预览效果如图8-8所示，这也是最终打印到图纸上的效果。

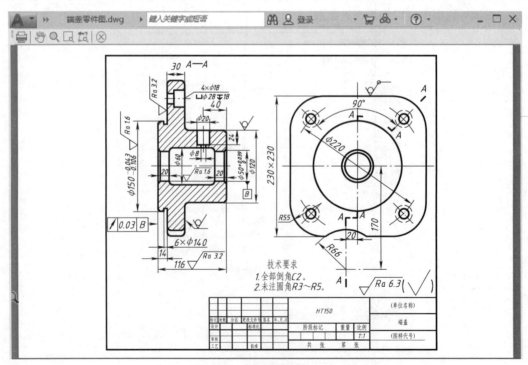

图8-8 打印预览效果

**提示**

　　使用 AutoCAD2020 输出 PDF 格式的方法与上述操作类似，只需在图 8-6 所示的对话框"打印机 / 绘图仪"选项组中选择 PDF 功能的打印选项，如图 8-9 所示。除使用系统自带的输出 PDF 文件的功能输出 PDF 文件外，还可通过安装 PDF 虚拟打印机将".dwg"打印输出为 PDF 文件。常见的 PDF 虚拟打印机有 Adobe PDF、Foxit PDF 等。

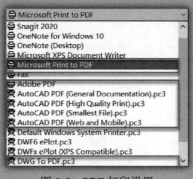

图 8-9　PDF 打印设置

### 二、图形的发布

　　使用图形发布功能，可以将图形和打印集直接合并到图纸或发布为 DWF（Web 图形格式）文件，然后将其发布到每个布局的页面设置中指定的设备中去（打印机或文件），其特点为能灵活地创建电子或图纸图形集并将其用于分发，以便接收方查看或打印。图形发布的创建方法如下：

　　1）打开一个已有文件，如图 7-35 所示的端盖零件图。

　　2）单击"标准"工具栏上的按钮🖶，或单击"文件"菜单栏→"发布"命令，或在命令行输入"PUBLISH"，系统将打开"发布"对话框，如图 8-10 所示。

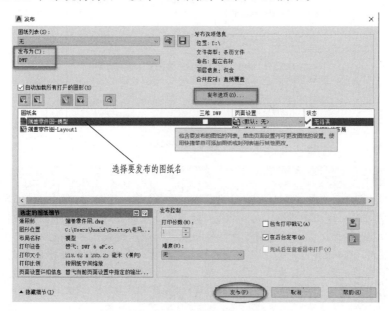

图 8-10　"发布"对话框

其中"DWF 发布选项"对话框可为要发布的文件进行位置、文件类型、命名、图层信息及合并控制等设置，如图 8-11 所示。

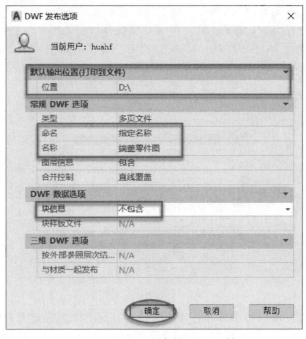

图 8-11　"DWF 发布选项"对话框

3）在图 8-10 中，选择"发布为"下拉列表框中的文件格式类型（如 DWF），选中要发布的图纸名，单击"发布"按钮。此时系统出现提示（图 8-12），在后台打印生成"端盖零件图 .dwf"的文件，并将其存盘至指定的位置。本例中"端盖零件图 .dwf"存盘的位置是 D 盘根目录下。

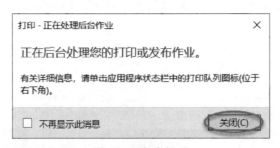

图 8-12　打印提示

**提示**

　　DWF 是由 Autodesk 公司开发的一种安全的、适用于在 Internet 上发布的文件格式，且文件高度压缩，因此比设计文件更小，传递起来更加快速。以矢量格式保存的 DWF 文件完整地保留了打印输出属性和超级链接信息，并且在进行局部放大时基本能够保持图形的准确性。它可以将丰富的设计数据高效率地分发给需要查看、评审或打印这些数据的任何人。使用 Autodesk 公司的 Design Review 或 DWF Viewer 浏览器均可打开、查看以及打印 DWF 文件。

**【单元细语】再遥远的目标，也经不起执着的坚持**

　　本书内容的学习到此结束，但对软件的掌握远没有结束。"逆水行舟用力撑，一篙松劲退千寻"，这句话用在软件学习上非常贴切。部分初学者在掌握软件使用方法后就停止练习，但忘记了这样一个事实：软件操作是一个动手动脑的训练，如果不反复练习是不会留下深刻记忆的，不到半年时间就会忘记。只有通过反复练习，不断揣摩总结，才能掌握其使用精髓，熟练地绘制出完美的图样。

　　要获得事业上的成功，同样也需要具备永不言弃的精神。翻开历史的长卷，我们不难发现，名人的成功源于坚持。哥白尼的成功源于他对科学真理的坚持，李白诗歌的成功源于他对文学创作的坚持，爱迪生的成功源于他对探究科学不懈的坚持，李时珍的成功源于他对医学研究的坚持。因此，成功源于坚持的力量。无论面对学习、工作还是生活上的种种磨砺，一定要坚持下去，因为坚持就会成功，坚持就是胜利！

# 附 录

## 附录 A　AutoCAD 机械制图考试模拟试卷及答案

### AutoCAD 机械制图考试模拟试卷一

**一、选择题**（单选，每题 1 分，共 15 分）

1. 在绘图界面中，下列选项中不可以拖动的是（　　　）。

　A. 命令行　　　　　　B. 工具栏　　　　　　C. 工具选项板　　　　　　D. 菜单

2. 在关闭动态输入的情况下，若图面已有一点 $A$（2，2），要得到另一点 $B$（4，4），以下坐标输入正确的是（　　　）。

　A. @4，4　　　　　　B. @2，@2　　　　　　C. @2，2　　　　　　D. @2<45

3. 如果某图层的对象不能被编辑，但在屏幕上可见，且能捕捉该对象的特殊点和标注尺寸，该图层的状态为（　　　）。

　A. 冻结　　　　　　B. 锁定　　　　　　C. 隐藏　　　　　　D. 块

4. 在绘制圆时，采用"两点（2P）"选项，两点之间的距离是（　　　）。

　A. 最短弦长　　　　　　B. 周长　　　　　　C. 半径　　　　　　D. 直径

5. 对"极轴"追踪角度进行设置，把增量角设为 30°，把附加角设为 10°，采用极轴追踪时，不会显示极轴对齐的是（　　　）。

　A. 10°　　　　　　B. 30°　　　　　　C. 40°　　　　　　D. 60°

6. 下列关于被固定约束圆心的圆说法错误的是（　　　）。

　A. 可以移动圆　　　B. 可以放大圆　　　C. 可以偏移圆　　　D. 可以复制圆

7. 下列不是自动约束类型的是（　　　）。

　A. 共线约束　　　　　　B. 相等约束　　　　　　C. 同心约束　　　　　　D. 水平约束

8. 填充选择边界出现红色圆圈的是（　　　）。

　A. 绘制的圆没有删除　　　　　　　　　B. 检测到点样式为圆的端点

　C. 检测到无效的图案填充边界　　　　　D. 程序出错重新启动可以解决

9. 选择集中去除对象时，按住哪个键可以进行去除对象选择？（　　　）

　A.<Space>　　　　　　B. <Shift>　　　　　　C. <Ctrl>　　　　　　D. <Alt>

10. 将半径为 10mm、圆心坐标为（70，100）的圆进行矩形阵列，阵列 2 行 3 列，行偏移距离 -30mm，列偏移距离 50mm。阵列后第 3 列第 2 行圆的圆心坐标是（　　　）。

　A. $X$=40，$Y$=170　　　　　　　　　B. $X$=70，$Y$=170

　C. $X$=-20，$Y$=200　　　　　　　　D. $X$=170，$Y$=70

11. 已有一个画好的圆，绘制一组同心圆可以用哪个命令来实现？（　　　）

　A. STRETCH（伸展）　　　　　　　B. OFFSET（偏移）

　C. EXTEND（延伸）　　　　　　　　D. MOVE（移动）

12. 要剪切与剪切边延长线相交的圆，则需执行的操作为（　　）。

A. 剪切时按住 <Shift> 键　　　　　　　　B. 剪切时按住 <Alt> 键

C. 修改"边"参数为"延伸"　　　　　　　D. 剪切时按住 <Ctrl> 键

13. 使用多行文本编辑器时，%%C、%%D、%%P 分别表示（　　）。

A. 直径、度数、下划线　　　　　　　　　B. 直径、度数、正负

C. 度数、正负、直径　　　　　　　　　　D. 下划线、直径、度数

14. 对当前标注样式中的"主单位"选项卡进行修改，如果将其中的比例因子设为 2，则长度为 50mm 的直线将被标注为（　　）。

A. 100　　　　　　　B. 50　　　　　　　C. 25　　　　　　　D. 标注时指定

15. "三维镜像"命令与"二维镜像"命令的不同之处是（　　）。

A. "三维镜像"命令只能镜像三维实体模型

B. "二维镜像"命令只能镜像二维对象

C. "三维镜像"命令定义镜像面，"二维镜像"命令定义镜像线

D. 可以通用，没有什么区别

**二、判断题**（正确打"√"，错误打"×"每题 1 分，共 10 分）

1. "缩放（ZOOM）"命令和"缩放（SCALE）"命令都可以调整对象的大小，可以互换使用。

（　　）

2. "拉伸（STRETCH）"命令可以实现对实体的移动操作。　　　　　　　　（　　）

3. "多行文字"和"单行文字"都是创建文字对象，本质是一样的。　　　　（　　）

4. 在 AutoCAD 软件中取消操作应按 <Esc> 键。　　　　　　　　　　　　（　　）

5. AutoCAD 中"TR"表示修剪命令。　　　　　　　　　　　　　　　　　（　　）

6. 在 AutoCAD 中锁定的图层在任何情况下都可以进行编辑、删除。　　　（　　）

7. 在 AutoCAD 中用"尺寸标注"命令所形成的尺寸文本、尺寸线和尺寸界线类似于块，可以用"分解（EXPLODE）"命令来分解。　　　　　　　　　　　　　　　　　（　　）

8. 在 AutoCAD 中用"插入块"命令把已存盘的块图形文件插入到图形中之后，如果把该存盘的块图形文件删除，主图中所插入的块图形将会被删除。　　　　　　　　　（　　）

9. 用"拉伸"命令生成三维实体时，可设定拉伸倾斜角且倾斜角的角度可大于 90°。

（　　）

10. 如不想打印某图层上的对象，最好的方法是在图层特性管理器中单击该图层名右侧的"打印"按钮，使其变为"不可打印"按钮。　　　　　　　　　　　　　　　（　　）

**三、上机操作题**（共 75 分）

在 E 盘根目录下创建一个文件夹，文件夹名为"考生座号 + 考生姓名"（如：12 号张三），将本次上机考试的全部内容保存在该文件夹中。

操作 1：创建样板文件（共 8 分）。

（1）创建图框及简易标题栏　图框尺寸为 420mm×297mm；简易标题栏如图 A-1 所示，尺寸自定。

（2）按照下面要求设置图层、线型

1）层名：中心线；颜色：红色；线型：Center；线宽：0.25；功能：画中心线。

2）层名：虚线；颜色：蓝色；线型：Dashed；线宽：0.25；功能：画虚线。

图　A-1

3）层名：细实线；颜色：白色（黑）色；线型：Continuous；线宽：0.25；功能：画剖面线实线、辅助线及细框线。

4）层名：尺寸线；颜色：绿色；线型：Continuous；线宽：0.25；功能：标文字及尺寸。

5）层名：立体线；颜色：青色；线型：Continuous；线宽：0.25；功能：画三维。

6）层名：粗实线；颜色：白（黑）色；线型：Continuous；线宽：0.50；功能：画轮廓粗线及粗框线。

（3）设置文字样式

1）样式名：数字和字母；字体名：gbeitc.shx；文字宽的系数：1；文字倾斜角度：0°。

2）样式名：工程汉字；字体名：仿宋；文字宽的系数：0.7；文字倾斜角度：0°。

（4）保存为样板文件　样板文件名为"考生姓名样板文件 .dwt"（如：张三样板文件 .dwt），将其保存在上述所创建的文件夹内。

操作 2：将表面粗糙度符号创建为块文件（共 6 分）。

调用操作 1 中创建的样板文件，利用其环境设置来创建块文件，块文件名为"考生姓名块 .dwg"（如：张三块 .dwg），要求块文件带有属性，并用"写块"命令（WBLOCK）将其保存在上述所创建的文件夹内。

操作 3：创建明细栏（共 6 分）。

调用操作 1 中创建的样板文件，利用其环境设置来创建明细栏，明细栏按图 A-2 所示绘制（不含尺寸），将其保存在上述所创建的文件夹内，文件名为"考生姓名明细栏 .dwg"（如：张三明细栏 .dwg）。

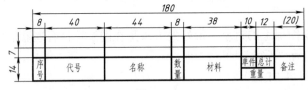

图　A-2

操作 4：绘制二维零件图（共 30 分）。

调用操作 1 中创建的样板文件，根据图 A-3 所示的零件图用 AutoCAD 绘出其所有内容，文件名为"考生姓名二维 .dwg"（如：张三二维 .dwg），并将其保存在上述所创建的文件夹内。

操作 5：绘制三维零件图（共 25 分）。

根据图 A-3 所示的零件图绘出该零件的三维图形，文件名为"考生姓名三维 .dwg"（如：张三三维 .dwg），并将其保存在上述所创建的文件夹内。

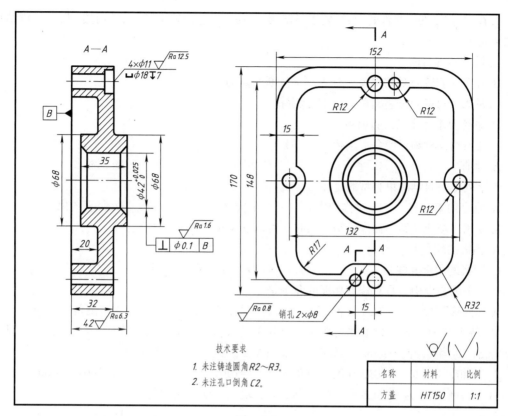

图　A-3

# AutoCAD 机械制图考试模拟试卷二

**一、选择题（单选，每题 1 分，共 15 分）**

1. 打开和关闭命令行的快捷键是（　　　）。

A.<F2>　　　　　B. <Ctrl+F2>　　　　C. <Ctrl+F9>　　　　D. <Ctrl+9>

2. 在关闭动态输入的情况下，直线的起点为（10，10），如果要画出与 X 轴正方向成 60° 夹角，长度为 100mm 的直线段，应输入（　　　）。

A. @100<60　　　B. @100，60　　　C. 100<60　　　　D. 50，80

3. 对某图层进行锁定后，则（　　　）。

A. 图层中的对象不可编辑，但可添加对象

B. 图层中的对象不可编辑，也不可添加对象

C. 图层中的对象可编辑，也可添加对象

D. 图层中的对象可编辑，但不可添加对象

4. 已知一长度为 500mm 的直线，使用"定距等分"命令，若希望一次性绘制 7 个点对象，输入的线段长度不能是（　　　）。

A. 60　　　　　B.63　　　　　C. 66　　　　　D. 69

5. 在进行"打断"操作时,系统要求指定第二打断点,这时输入了 @,然后按 <Enter> 键结束,其结果是（　　）。

　A. 没有实现打断

　B. 在第一打断点处将对象一分为二,打断距离为零

　C. 从第一打断点处将对象另一部分删除

　D. 系统要求指定第二打断点

6. 几何约束栏约束命令不包括（　　）。

　A. 垂直　　　　　　　B. 平行　　　　　　　C. 相交　　　　　　　D. 对称

7. 下列不是自动约束类型的是（　　）。

　A. 垂直约束　　　　　B. 对称约束　　　　　C. 同心约束　　　　　D. 竖直约束

8. 使用"填充图案"命令绘制图案时,可以选定哪个选项？（　　）

　A. 图案的颜色和比例　　　　　　　B. 图案的角度和比例

　C. 图案的角度和线型　　　　　　　D. 图案的颜色和线型

9. 在下列命令中,具有修剪功能的命令是（　　）。

　A. "偏移"命令　　B. "拉伸"命令　　C. "复制"命令　　　D. "倒角"命令

10. 将半径为 5mm、圆心坐标为（40，60）的圆进行矩形阵列,阵列 3 行 2 列,行偏移距离 20mm,列偏移距离 -30mm。阵列后第 3 行第 2 列圆的圆心坐标是（　　）。

　A. $X$=40，$Y$=120　B. $X$=40，$Y$=60　C. $X$=100，$Y$=-30　D. $X$=10，$Y$=60

11. 画一个半径为 8mm 的圆,确定圆心后,输入"D",应再输入（　　）。

　A. 8　　　　　　　　B. 4　　　　　　　　C. 32　　　　　　　　D. 16

12. 对一个对象进行倒圆角处理之后,有时候发现对象被修剪,有时候发现对象没有被修剪,究其原因是（　　）。

　A. 修剪之后应当选择"删除"

　B. 圆角选项里有 T,可以控制对象是否被修剪

　C. 应该先进行倒角再修剪

　D. 用户的误操作

13. 在英文输入状态下启用"多行文字"命令后,在命令行中输入"%%Cd"之后,屏幕显示为（　　）。

　A. %%Cd　　　　B. d　　　　　　C. $\phi$d　　　　　　D. ±d

14. 要将三维图形的一个实体对象的某个表面与另一个实体对象上不同法向的表面进行贴合对位,应使用（　　）。

　A. Move（移动）　　　　　　　　B. Mirror3D（三维镜像）

　C. Alin（对齐）　　　　　　　　D. Rotate 3D（三维旋转）

15. 公差尺寸"20±0.5"属于公差标注中的哪种形式？（　　）

　A. 对称　　　　　B. 极限偏差　　　　C. 极限尺寸　　　　　D. 公称尺寸

**二、判断题**（正确打"√",错误打"×"每题 1 分,共 10 分）

1. 用旋转命令"ROTATE"旋转对象时,必须指定旋转基点。　　　　　（　　）

2. "修剪（TRIM）"命令可以实现对实体的延伸操作。　　　　　　　（　　）

3. 若在选择时将对象多选了,要去掉它应按住 <Ctrl> 键然后单击多选的对象。（　　）

4. 建立尺寸文字 $\phi$ 15，可以输入 "%%p15"。 　　　　　　　　　　　　　　( 　 )

5. 打印输出的快捷键是 <Ctrl+P>。 　　　　　　　　　　　　　　　　　( 　 )

6. "拉伸（STRETCH）" 命令只能将实体拉长。 　　　　　　　　　　　　( 　 )

7. 可将多段线和块打散成多个对象的命令是 "重生成" 命令。 　　　　　　( 　 )

8. 在 AutoCAD 中 PAN 和 MOVE 命令实质是一样的，都是移动图形。 　　( 　 )

9. 用 "拉伸" 命令生成三维实体时，可设定拉伸倾斜角，倾斜角可正可负。 ( 　 )

10. 使用 "线性" 标注命令，可以创建水平或垂直线性尺寸。 　　　　　　( 　 )

### 三、上机操作题（共 75 分）

在 E 盘根目录下创建一个文件夹，文件夹名为 "考生座号 + 考生姓名"（如：12 号张三），将本次上机考试的全部内容保存在该文件夹中。

操作 1：创建样板文件（共 8 分）。

（1）创建图框及简易标题栏　图框尺寸为 420mm×297mm；简易标题栏如图 A-1 所示。

（2）按照下面要求设置图层、线型

1）层名：中心线；颜色：红色；线型：Center；线宽：0.25；功能：画中心线。

2）层名：虚线；颜色：蓝色；线型：Dashed；线宽：0.25；功能：画虚线。

3）层名：细实线；颜色：白色（黑）色；线型：Continuous；线宽：0.25；功能：画剖面线实线、辅助线及细框线。

4）层名：尺寸线；颜色：绿色；线型：Continuous；线宽：0.25；功能：标文字及尺寸。

5）层名：立体线；颜色：青色；线型：Continuous；线宽：0.25；功能：画三维。

6）层名：粗实线；颜色：白（黑）色；线型：Continuous；线宽：0.50；功能：画轮廓粗线及粗框线。

（3）设置文字样式

1）样式名：数字和字母；字体名：gbeitc.shx；文字宽的系数：1；文字倾斜角度：0°。

2）样式名：工程汉字；字体名：仿宋；文字宽的系数：0.7；文字倾斜角度：0°。

（4）保存为样板文件　样板文件名为 "考生姓名样板文件 .dwt"（如：张三样板文件 .dwt），将其保存在上述所创建的文件夹内。

操作 2：将表面粗糙度符号创建为块文件（共 6 分）。

调用操作 1 中创建的样板文件，利用其环境设置来创建块文件，块文件名为 "考生姓名块 .dwg"（如：张三块 .dwg），要求块文件带有属性，并用 "写块" 命令（WBLOCK）将其保存在上述所创建的文件夹内。

操作 3：创建明细栏（共 6 分）。

调用操作 1 中创建的样板文件，利用其环境设置来创建明细栏，明细栏按图 A-4 所示绘制（不含尺寸），将其保存在上述所创建的文件夹内，文件名为 "考生姓名明细栏 .dwg"（如：张三明细栏 .dwg）。

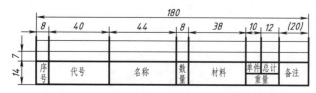

图　A-4

操作 4：绘制二维零件图（共 30 分）。

调用操作 1 中创建的样板文件，根据图 A-5 所示的零件图用 AutoCAD 绘出其所有内容，文件名为"考生姓名二维 .dwg"（如：张三二维 .dwg），并将其保存在上述所创建的文件夹内。

操作 5：绘制三维零件图（共 25 分）。

根据图 A-5 所示的零件图绘出该零件的三维图形，文件名为"考生姓名三维 .dwg"（如：张三三维 .dwg），并将其保存在上述所创建的文件夹内。

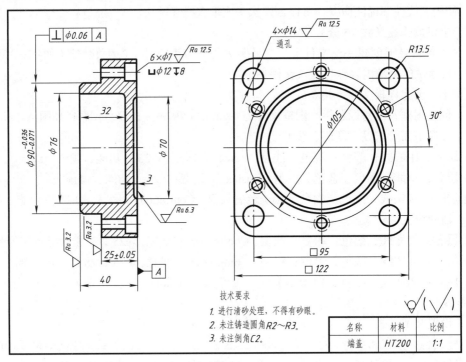

图　A-5

# AutoCAD 机械制图考试模拟试卷一答案

一、选择题（单选，每题 1 分，共 15 分）

1.（D）；2.（C）；3.（B）；4.（D）；5.（C）；6.（A）；7.（B）；8.（C）；9.（B）；10.（D）；11.（B）；12.（C）；13.（B）；14.（A）；15.（C）。

二、判断题（正确打"√"，错误打"×"每题 1 分，共 10 分）

1.（×）；2.（√）；3.（×）；4.（√）；5.（√）；6.（×）；7.（√）；8.（×）；9.（×）；10.（√）。

三、上机操作题（共 75 分）（略）

# AutoCAD 机械制图考试模拟试卷二答案

一、选择题（单选，每题 1 分，共 15 分）

1.（D）；2.（B）；3.（A）；4.（A）；5.（B）；6.（C）；7.（B）；8.（B）；9.（D）；10.（B）；11.（D）；12.（B）；13.（C）；14.（C）；15.（A）。

二、判断题（正确打"√"，错误打"×"每题 1 分，共 10 分）

1.（√）；2.（√）；3.（×）；4.（×）；5.（√）；6.（×）；7.（×）；8.（×）；9.（√）；10.（√）。

三、上机操作题（共 75 分）（略）

# 附录 B　常用绘图和修改命令信息与操作二维码表

| 命令按钮 | 命令名称 | 英文命令 | 简化命令 | 主要功能 | 操作二维码 |
|---|---|---|---|---|---|
| | 直线 | Line | L | 创建直线段 | |
| | 多段线 | Pline | PL | 创建二维多段线 | |
| | 多边形 | Polygon | POL | 创建等边闭合多段线 | |
| | 矩形 | Rectang | REC | 创建矩形多段线 | |
| | 圆 | Circle | C | 创建圆 | |
| | 圆弧 | Arc | A | 创建圆弧 | |
| | 样条曲线 | Spline | SPL | 经过指定点或在指定点附近创建一条平滑的曲线 | |
| | 椭圆 | Ellipse | EL | 创建椭圆或椭圆弧 | |
| | 图案填充 | Hatch | H | 使用填充图案等来填充封闭区域或选定对象 | |

（续）

| 命令按钮 | 命令名称 | 英文命令 | 简化命令 | 主要功能 | 操作二维码 |
|---|---|---|---|---|---|
| | 点 | Point | PO | 创建多个点对象 | |
| | 删除 | Erase | E | 从图形中删除对象 | |
| | 复制 | Copy | CO 或 CP | 在指定方向上按指定距离复制对象 | |
| | 镜像 | Mirror | MI | 创建选定对象的镜像副本 | |
| | 偏移 | Offset | O | 创建同心圆、平行线和平行曲线 | |
| | 移动 | Move | M | 在指定方向上按指定距离移动对象 | |
| | 旋转 | Rotate | RO | 绕基点旋转对象 | |
| ― | 阵列 | Array | AR | 创建选定对象的多个副本并按一定的规律进行排布 | |
| | 缩放 | Scale | SC | 放大或缩小选定对象，使缩放后对象的比例保持不变 | |

（续）

| 命令按钮 | 命令名称 | 英文命令 | 简化命令 | 主要功能 | 操作二维码 |
|---|---|---|---|---|---|
|  | 拉伸 | Stretch | — | 拉伸与选择窗口或多边形交叉的对象 |  |
|  | 修剪 | Trim | TR | 修剪对象以与其他对象的边相接 |  |
|  | 延伸 | Extend | EX | 延伸对象以与其他对象的边相接 |  |
|  | 打断 | Break | BR | 在两点之间打断选定对象 |  |
|  | 打断于点 | Break | BR | 在一点打断选定对象 |  |
|  | 倒角 | Chamfer | CHA | 给对象加倒角 |  |
|  | 圆角 | Fillet | — | 给对象加圆角 |  |
|  | 分解 | Explode | EXP | 将复合对象分解为其部件对象 |  |

# 参考文献

[1] 谢生荣，吴仁伦，张守宝 . 工程 CAD 实用教程 [M]. 北京 : 冶金工业出版社，2018.

[2] 钟日铭 .AutoCAD 2019 机械设计完全自学手册 [M].4 版 . 北京 : 机械工业出版社，2019.

[3] 赵建国，邱益 .AutoCAD 2018 快速入门与工程制图 [M]. 北京 : 电子工业出版社，2019.

[4] CAD/CAM/CAE 技术联盟 .AutoCAD 2020 中文版机械设计从入门到精通 [M]. 北京 : 清华大学出版社，2020.